# L'IMPACT DU CHANGEMENT CLIMATIQUE SUR LE COÛT DE L'EAU POTABLE

## Une étude de cas dans la ville de Douala au Cameroun

**Collection Etudes Eurafricaines**
*Dirigée par André Julien Mbem*

Le Sahara et la Méditerranée, frontières entre l'Afrique et l'Europe, sont aussi des passerelles par lesquelles, depuis des siècles, au-delà des tragédies et des drames, se rapprochent et se remodèlent ces deux ensembles géographiques et leurs civilisations. La collection « Etudes Eurafricaines » encourage la diffusion d'études historiques et prospectives sur les symbioses dont cette partie du monde est l'antique théâtre.

**Déjà parus**

DIARRA Rosalie, *La répression de la cybercriminalité en Afrique de l'Ouest*, 2021.
YAGO Souleymane, *Réflexion sur le vivre ensemble au Burkina Faso. Esquisse pour une éducation à la tolérance à l'école primaire,* 2021.
BABAGNACK Paul, *Les marchés financiers de l'Afrique centrale. Changements structurels et performances*, 2021.
AMOR NDJABO Monique, *Le handicap moteur dans la ville de Yaoundé. Trajectoires et expériences de vie*, 2021.
FOFANA Abdoulaye, *La direction du budget au Mali*, 2020.
KAGAMBEGA Marcel, *Le rôle des Etats africains dans l'encadrement juridique des migrations Sud-Nord et Sud-Sud*, 2020.
BOUSSOU Vivian, *De l'efficacité des mots et concepts dans la définition des politiques économiques. Etude du cas de la Côte d'Ivoire à travers une analyse des discours*, 2020.
OVOUNDAGA Marcy Delsione, *La télévision publique gabonaise et la construction d'une communauté nationale (1963-2014)*, 2020.
AMADOU ADAMOU Bachirou, *Le constitutionnalisme à l'épreuve de l'intégration dans l'espace CEDEAO. Contribution à l'étude de la protection des droits fondamentaux depuis l'ouverture démocratique en Afrique*, 2020.
FOFANA Abdoulaye, *La direction du budget au Mali. Instrument stratégique de prévision et d'exécution de la Loi des finances*, 2020.
KYALO-OCHIENG Nuru Koki, *Le langage du dessin d'actualité. Approche sémiotique*, 2020.
FOFANA Ibrahima Sory, *Mali : enjeux des mutations et des recompositions du foncier à Bamako*, 2020.
HOUNZANDJI Aimé, *Une université nationale en Afrique occidentale. Dahomey-Bénin (1944-1974),* 2020.

Edmond NOUBISSI DOMGUIA

# L'IMPACT DU CHANGEMENT CLIMATIQUE SUR LE COÛT DE L'EAU POTABLE

## Une étude de cas dans la ville de Douala au Cameroun

*À la grande famille BOUTCHUENG de laquelle le Dieu de Jésus-Christ a voulu que je sois issu.*


**5-7, rue de l'École-Polytechnique, 75005 Paris**

http://www.editions-harmattan.fr

ISBN : 978-2-343-20011-8
EAN : 9782343200118

# REMERCIEMENTS

Le présent travail de recherche est le fruit d'un parcours jalonné de contraintes et de difficultés diverses. Bien qu'il paraisse être l'aboutissement d'un dévouement personnel, l'intervention d'éminentes personnes reste indéniable. Ce travail a été en effet possible grâce à la collaboration et le soutien d'un certain nombre de personnes auxquelles je profite de l'occasion pour exprimer ma profonde gratitude.

À la fin de ce travail de recherche, je tiens à remercier :

Pr Kamajou François et Pr Fonteh Mathias, Directeur et Co-Directeur respectivement de cette étude, dont les interventions aussi bien en observation qu'en critique ont contribué significativement à sa réalisation ;

Le Doyen de la Faculté des Sciences Economiques et de Gestion le Pr Avom Désiré pour ses conseils et l'encadrement qu'il nous a donnés ;

Dr Nkengfack Hilaire en particulier pour m'avoir orienté dans mes premiers pas dans la recherche, pour la connaissance qu'il m'a transmise, pour ses conseils, son encadrement et son soutien pour la réalisation et l'aboutissement de ce travail ;

Maman Honorine Guiadem, Madame et Monsieur Djoko, Monsieur Fongo Pierre dont le soutien financier, matériel et moral nous a été d'une très grande utilité ;

Maman Magne et Maman Gué pour leur encadrement, leur soutien moral et leur conseil ;

Mes frères et sœurs Hippolyte, Gislain, Denis, Guy, Yves, Clémence, Gaël, Olga, Dominique et Stella pour leur soutien et leur conseil ;

Mes camarades de promotion Mbah Arsène, Métila Claude, Kountchou Françis, Chouafi Orfé, Kaffo Hervé et bien d'autres pour leur esprit de solidarité ;

Aux jeunes du mouvement Union Chrétienne de Jeunes Gens (Fopy Sylvain, Armel Tsagué, Ymelon Cerlian, Kom Cédric, Bakam Sandra, Simeu Larissa, Simeu Vivien, Menzepo Ange, Momo Baudelaire, Simplice, Dérelle, Tatiana, Linda, Fabrice, Grâce, Sandrine, Christelle, Linda et bien d'autres) pour leur soutien moral ;

Mes voisins Adrien, Nathanaël, Gautier, Charnelle et Virginie pour leur soutien moral et matériel.

## LISTE DES SIGLES

**ACB** : Analyse Coûts-Bénéfices
**AFNOR :** l'Association Française de Normalisation
**ALUCAM :** Compagnie Camerounaise d'Aluminium
**°C** : Degré Celsius
**CAADP** : Comprehensive Africa Agriculture Development Programme
**CAP** : Consentement A Payer
**CAR :** Consentement A Recevoir
**CBLT :** Commission du Bassin du Lac Tchad
**CCCC :** Convention Cadre sur les Changements Climatiques
**CCNUCC** : Convention-Cadre des Nations Unies sur les Changements Climatiques
**CEPRI :** centre européen de prévention du risque d'inondation
**CDE** : Camerounaise Des Eaux
**CIUS** : Conseil International des Unions Scientifiques
**CIMENCAM** : Cimenterie du Cameroun
**CMIP** : Coupled Model Intercomparison Project
**CO2** : Dioxyde De Carbone
**DT** : Dinar tunisien
**ET** : évapotranspiration
**ETM**: Enhanced Thematic Mapper
**FCFA** : Franc de la communauté française
**FEM :** Fonds pour l'Environnement Mondial
**G** : gramme
**GDE** : Gestion de la Demande en Eau
**GES** : Gaz à Effet de Serre
**GIEC** : Groupe d'Experts Intergouvernemental sur l'Évolution du Climat
**GIRE** : Gestion Intégrée Des Ressources En Eau
**IDH** : Indice de Développement humain
**IPCC :** Intergovernmental Panel on Climate Change
**ISR** : Investissements Socialement Responsables
**Kg** : Kilogramme
**$Km^2$** : kilomètre carré
**$Km^3$** : Kilomètre au cube

**Kw** : Kilowatt
**M :** mètre
**MINEF** : Ministère de l'Economie et des Finances
**MINPAT** : Ministère de la Planification et de l'Administration Territoriale
**Mm** : Millimètre
**MCG** : Modèle Climatique Global
**MCR** : Modèle Climatique Régional
**MTN** : Modèle Numérique de Terrain
**MSS :** Multi-Spectra Scanning
**NASA :** National Aeronautics and Space Administration
**NEPAD:** New Partnership for Africa's Development
**NSF** : Fondation Nationale des Sciences américaine
**OCDE :** Organisation pour la Coopération et le Développement Economique
**OMC** : Organisation Mondiale du Commerce
**OMD** : Objectifs du Millénaire pour le Développement
**OMM** : Organisation Météorologique Mondiale
**OMS** : Organisation Mondiale de la Santé
**ONG** : Organisation Non gouvernementale
**PANGIRE :** Plan d'Action de Gestion intégré des Ressources en Eau
**PIB** : Produit Intérieur brut
**PIGB** : Programme International Biosphère-Géosphère
**PMRC** : Programme Mondial de Recherches sur le Climat
**PNB :** Produit National Brut
**PNUD** : Programme des Nations Unies pour le Développement
**PNUE** : Programme des Nations Unies pour l'Environnement
**QM :** Quantile mapping method
**RCP** : Representative Concentration Pathways
**RN** : Route Nationale
**S** : Seconde
**SABC** : Société Anonyme des Brassicoles du Cameroun
**SITABAC** : Société de Tabac du Cameroun
**SMDD :** Sommet Mondiale sur le Développement Durable
**SRES :** Special Report on Emission Scenarios
**UCB** : Union Camerounaise des Brassicoles
**UE :** Union Européenne
**UICN :** Union Internationale pour la Conservation de la Nature
**UNESCO :** United Nations Educational, Scientific and Cultural Organization
**USD** : Dollar américain
**WT**: Weather typing method
**ZCIT**: Zone de convergence intertropicale atlantique

# INTRODUCTION GÉNÉRALE

*« L'eau est l'élément fondamental de la vie et assurément l'une de nos ressources les plus précieuses »* ***Nemlin****.*

## 1.1. CONTEXTE DE L'ÉTUDE

L'eau est indispensable à toute vie humaine, animale et végétale. Cependant les facteurs naturels et humains contribuent à sa pénurie et de nombreuses populations dans beaucoup de pays aujourd'hui souffrent du manque d'eau dû soit à la mauvaise gestion soit à une pénurie réelle. Or, le développement durable dépend entre autres d'un approvisionnement en eau adéquat, accessible et fiable. Malheureusement les mesures visant à encourager l'usage durable de l'eau sont de loin satisfaisantes avec les conséquences désastreuses qui en résultent.

L'importance des ressources hydriques pour la vie, le développement et l'environnement justifie le fait qu'elle soit largement prise en compte dans le contexte international (par exemple le programme Action 21, les forums mondiaux de l'eau, l'évaluation des écosystèmes pour le millénaire et le Rapport mondial sur la mise en valeur des ressources en eau). L'eau est indispensable à toutes les formes de vie et elle doit être présente en grande quantité pour la plupart des activités humaines. La réduction de la quantité disponible des ressources en eau, ainsi que l'augmentation de la demande de cette ressource pour des usages concurrents représentent les défis que la distribution de l'eau doit surmonter.

Par ailleurs, la disponibilité, la gestion, ainsi que la qualité de cette ressource peuvent faire la différence entre la vie et la mort. Ainsi, en trop grande ou trop petite quantité, l'eau peut être source de destruction, de misère ou de mort. La gestion judicieuse de cette ressource et ce, malgré la forme qu'elle revêt, peut être un instrument de survie et de croissance économique. Elle peut en effet, contribuer à l'allègement de la pauvreté ; arracher les populations à la dégradation d'une vie dénuée d'accès à l'eau et à un environnement sain, et de ce fait, contribuer à la prospérité de tous.

Cependant, malgré le fait que plus des 2/3 de la surface de la terre soient recouverts d'eau, il subsiste encore une multitude de conflits dans le monde pour l'acquisition de cette ressource[1], et ce, d'autant plus que les 200 bassins fluviaux internationaux présents dans le monde (215 selon le RIOB, 1998 ; plus de 240 selon Caponera, 1998) et les eaux souterraines, ignorent au moins autant les frontières que les eaux superficielles. C'est ainsi que WEHAB (2002) constate qu'environ 40 % de la population mondiale dépend des bassins fluviaux internationaux partagés par deux ou plusieurs pays.

Il est donc possible que dans le futur, les conflits entre Nations soient basés sur l'augmentation des eaux territoriales si les ressources ne sont pas bien gérées de façon à encourager la coopération paisible. À un niveau local, la pénurie de l'eau peut causer des conflits de ménage et même des communautés. En Afrique par exemple, une longue expérience avec les bassins fluviaux partagés doit être mise à effet dans la négociation de l'allocation des ressources entre les pays riverains. Ce d'autant plus que si la plupart des 70 millions de familles de petits exploitants en Afrique subsaharienne échouent dans la prochaine décennie pour adopter la fertilité durable et intégrer des terres et les pratiques de gestion de l'eau sur leurs fermes, elles auront mis sérieusement en péril leur sécurité alimentaire à long terme (NEPAD, 2003). La nature de la variabilité des ressources hydriques de l'Afrique et de la fragilité inhérente de ses sols pose des limites naturelles à la mesure de la production agricole intensifiée. D'ailleurs, les initiatives du NEPAD (2003) à la résolution de la crise agricole en Afrique à

[1] Conflit entre le Botswana et la Namibie pour la gestion du delta de l'Okavango-Makgadikgadi (Philippe Rekacewicz et Salif Diop 2008)
Conflits politiques au Proche-Orient entre Israël, la Palestine, la Jordanie et la Syrie pour la conquête du bassin du Jourdain
L'Asie centrale est le théâtre depuis plus de cinquante ans d'un conflit pour l'utilisation de l'eau des deux fleuves Amou Daria et Syr Daria, qui alimentent tous deux la mer d'Aral (Philippe Rekacewicz et Salif Diop 2008).

travers le programme CAADP[2] ont identifié quatre piliers[3] prioritaires d'investissement. Le premier pilier à savoir celui de la gestion de la terre et de l'eau fournit des informations sur les opportunités pour l'Afrique de capitaliser sur l'existence d'approximativement 874 millions d'hectares de sa terre considérés comme convenables pour la production agricole, ceci en améliorant entre autres l'usage de l'eau. En effet, la disponibilité et la gestion de l'eau sont des facteurs essentiels pour l'augmentation de la productivité et pour assurer la prévisibilité du rendement agricole.

Ainsi donc, l'eau est essentielle pour mettre en valeur le potentiel de la terre et rendre possible l'amélioration des variétés tant des plantes que des animaux pour permettre un plein emploi des facteurs de production. La gestion des ressources hydriques aide à assurer une meilleure production tant pour une consommation immédiate que pour les besoins commerciaux. Malheureusement, la proportion des terres arables qui sont irriguées représente à peine 3,7 % en Afrique subsaharienne et 7 % pour toute l'Afrique, étant donné que 40 % du total des régions irriguées se trouvent en Afrique du Nord. Ces pourcentages sont bas comparativement à ceux d'autres pays en voie de développement qui ont des pourcentages de 10, 29 et 41 pour l'Amérique du Sud, l'Asie de l'Est et l'Asie du Sud respectivement. En permettant une augmentation rapide de la production, l'irrigation peut rendre la nourriture disponible plus aisément, mais son impact réducteur sur la faim dépend des arrangements appropriés pour le pauvre d'avoir accès aux terres irriguées. Ainsi, en dépit de la fragilité inhérente des sols en Afrique, l'inégale distribution et la disponibilité des eaux de surface et les ressources en eau du sous-sol, il est possible d'améliorer l'exploitation des ressources hydriques du continent pour augmenter la production agricole.

Toutefois, avant l'année 1972 marquée par la publication du rapport Meadows et la tenue du sommet de Stockholm, l'eau, tout comme l'air, était considérée à cause de sa disponibilité qui semblait quasiment

---

[2] Comprehensive Africa Agriculture Development Programme

[3] Ces piliers sont la gestion de la terre et de l'eau ; les capacités infrastructurelles et commerciales pour l'amélioration de l'accès au marché ; et un support d'activités augmentant la productivité à travers les petits agriculteurs dans le contexte des programmes de sécurité alimentaires et la recherche et le développement, associés à la dissémination technologique.

illimitée, comme inépuisable[4]. Le rapport du Club de Rome va vite remettre en cause cet état des choses et interpeller par la même occasion la conscience de la communauté internationale sur les menaces que représente la croissance au travers des concepts tels que croissance zéro ou halte à la croissance. Ce rapport va ainsi permettre de prendre en compte des menaces qui pèsent sur ces ressources. Les considérations traditionnelles autour de ces ressources (biens libres auxquels est attribué un prix minable et à la limite aucun prix) sont désormais révolues dans la réalité et ceci, suite à l'explosion de la demande et aux dégradations diverses imposées par le type de processus de développement pratiqué jusque-là. En effet, ces biens intègrent de plus en plus le royaume de la rareté[5] et par conséquent le concert des biens économiques.

L'eau qui n'échappe pas ainsi à la logique de rareté des ressources naturelles et de la répartition inégale est entravée dans sa gestion principalement dans les pays en voie de développement par des facteurs divers. Ainsi, les facteurs d'ordre politique, social, économique et environnemental font accroître les difficultés des populations de ces pays d'entrer en possession d'une eau de qualité en quantité suffisante. Par conséquent, l'inéluctable raréfaction de l'eau, sa constante dégradation en qualité et son inégale répartition sont autant de signes palpables qui indiquent une mauvaise gestion de l'eau et concourent de façon significative à la paupérisation des populations en termes de santé, d'urbanisation, d'économie et d'échange. En effet, comme le prouvent les statistiques, seulement 2,5 % des 1,4 milliard de $km^3$ d'eau sur la Terre est propre à la consommation humaine, et la majeure partie de cette eau douce est inaccessible, puisqu'environ 70 % se trouvent dans les glaciers, la neige et la glace. Les 8 millions de $km^3$ d'eau souterraine constituent la plus importante source d'eau douce, et seulement 0,3 % des ressources en eau douce (105 000 $km^3$) se trouve

[4] Les théoriciens classiques l'ont longtemps considérée ainsi et c'est ce qui a d'ailleurs justifié leur non-prise en compte dans les modèles économiques, car n'entrant pas dans la sphère de la rareté.

[5] La rareté ici doit être comprise au sens économique du terme à savoir « la situation dans laquelle la demande pour une ressource excède son offre à prix nul et où existent des contraintes sur l'accroissement de l'offre de la ressource » (Faucheux et Noël, 1995, p.115). Le déséquilibre entre offre et demande en eau qui s'ensuit, conjugué à l'interdépendance entre les demandes des usagers donnent lieu à des rivalités et des conflits pour l'utilisation et le contrôle de la ressource.

dans les rivières, les ruisseaux et les lacs. Cette mutation profonde requiert donc que ces biens soient correctement valorisés afin de parvenir à leur allocation d'une manière optimale et d'éviter ainsi leur gaspillage.

Par ailleurs, bien plus que la quantité, c'est très souvent au niveau de la qualité de l'eau à laquelle les ménages ont accès que se posent de réels problèmes notamment à cause des énormes problèmes de santé dont ils sont victimes. En effet, le nombre de décès et de maladies provoqués par le manque ou la mauvaise qualité de l'eau s'est globalement accru dans le monde et particulièrement en Afrique subsaharienne. On dénombre en effet environ sept maladies hydriques (la colibacillose, le choléra, la fièvre typhoïde, le paludisme, la bilharziose, l'onchocercose, la dengue). L'accès à une eau saine à des coûts raisonnables est une condition indispensable à l'amélioration des conditions sanitaires et à la réduction des dépenses de santé des franges les plus déshéritées de la population mondiale. L'OMS (2002) estime en effet qu'environ 1,7 million de décès par an (4,560 par jour) peuvent être attribués à l'eau non potable, au système sanitaire et à une hygiène non adéquats, principalement à travers les diarrhées infectieuses dans le monde. Dans les pays les plus pauvres, un enfant sur cinq meurt avant l'âge de cinq ans à cause des maladies infectieuses d'origine hydrique causées principalement par la consommation d'eau de mauvaise qualité (WEHAB, 2002). De même, Hoek, Konradsen et Jehangir (1999) présentent des statistiques inquiétantes sur les maladies hydriques.

Ils distinguent en effet 1,5 milliard de personnes qui souffrent de diarrhées (avec 3,3 millions de morts chez les enfants de moins de 5 ans et 5 millions tous âges confondus) ; 500 000 cas de choléra avec 20 000 morts ; 500 000 cas de typhoïdes avec 25 000 décès ; l'ascaridiose 1,3 milliard de personnes infectées, 59 millions de cas cliniques, 10 000 morts, etc. L'UNESCO (2003) estime que 50 % des personnes vivant dans les pays en voie de développement sont exposées à des sources d'eau polluée. Au Cameroun par exemple, entre 2003 et 2006, les helminthiases intestinales ont touché plus de 10 millions de Camerounais. Sur une dépense moyenne de santé par ménage et par mois de 7 854 francs CFA, représentant 29 % du revenu moyen évalué à 26 800 francs CFA, le poids des maladies liées à la mauvaise eau et le non-assainissement est de 70 %[6]. Le montant annuel des dépenses liées aux maladies hydriques par ménage est évalué à 65 975 francs CFA. Sur les importations des médicaments et consommables médicaux de 213,675 milliards de francs CFA entre 2001 et 2005, les maladies liées à la mauvaise eau et le non-assainissement ont occasionné une sortie de devises de l'ordre de 149,572 milliards de francs CFA.

Il est par contre clair que le Cameroun a du mal à assurer la disponibilité de l'eau potable pour une frange importante de sa population. Des efforts colossaux doivent être fournis par le pays qui a inscrit dans le Document de Stratégie pour la Croissance et l'Emploi, l'eau et l'assainissement comme un des axes majeurs de lutte contre la pauvreté. C'est conscient de ces enjeux que les autorités envisagent de mettre en œuvre des actions prioritaires, notamment la réalisation de 700 000 branchements en milieu urbain, 40 000 points d'eau équivalents en milieu rural. Avec de telles actions, le Gouvernement espère porter le taux d'accès à l'eau potable à 72,1 % en 2015 et 75 % en 2020.

Le problème de la qualité de l'eau dans les pays en voie de développement est souvent compliqué par les arrangements institutionnels et structurels pauvres ou inexistants pour le traitement des déchets municipaux, industriels et agricoles. Ainsi donc, la question de la gestion et du partage de ces eaux, et donc des usages que l'on peut en faire n'est pas nouvelle, mais elle prend une dimension stratégique plus importante avec l'accroissement de la pression anthropique. Cette dernière est à l'origine des modifications profondes et durables du climat.

Dans ce contexte, le changement climatique intervient comme un facteur perturbateur additionnel potentiellement dangereux. Il pourrait accentuer la variabilité spatio-temporelle et la dégradation quantitative et qualitative des ressources en eau des pays. En effet, la pollution des ressources en eau est croissante dans beaucoup de régions. La distribution d'eau est basse pour l'irrigation et pour les réseaux de distribution d'eau urbaine. Ceci se justifie par le fait que le niveau de la nappe souterraine s'est considérablement réduit si bien que le courant

---

[6] Selon l'OMS, 70 % des maladies en Afrique au Sud du Sahara sont d'origine hydrique.

des rivières a fortement diminué. La conséquence sur l'écosystème est la disparition des bas-fonds et des marécages. Les pertes en vies humaines dues à des catastrophes naturelles comme l'inondation et la sécheresse sont des conséquences de la déchéance de l'environnement qui résulte du déboisement et de la destruction de l'écosystème. Ces pertes sont plus élevées dans les pays en voie de développement où 70 % de la population mondiale vit dans les régions écologiquement sensibles. Ceci justifie d'ailleurs la multiplicité des conventions internationales sur la mise en œuvre d'autres protocoles en matière de développement durable, de lutte contre l'effet de serre, de préservation de la biodiversité biologique, de protection des sols et des eaux et de prévention des risques naturels.

Ainsi, la gestion de l'espace doit figurer au cœur de la politique de l'eau en complétant l'approche normative traditionnelle sur les rejets d'une approche nouvelle, centrée sur la reconquête de la qualité du milieu. Ainsi on comprend mieux le rebondissement des débats autour de la thématique de la disponibilité de l'eau.

Les phénomènes climatiques extrêmes ont ainsi ramené les débats autour de la disponibilité de l'eau de plus en plus sur la sécurité de l'eau, une question qui concerne l'accès des populations à une eau saine et abordable pour satisfaire leurs besoins ménagers, assurer la production alimentaire et mener leurs activités. L'insécurité de l'eau peut s'expliquer par sa rareté physique. Cette dernière est conditionnée par des facteurs climatiques ou géographiques et par une utilisation excessive ou une surexploitation des ressources hydriques.

Elle peut également être liée à des raisons économiques, aux infrastructures ou à l'insuffisance des capacités qui empêchent l'accès aux ressources disponibles. Elle se produit aussi dans des cas où la pollution ou la contamination naturelle ont rendu ces ressources inutilisables.

L'insécurité et la rareté de l'eau concernent déjà de grandes parties du monde en développement. Au cours du siècle dernier, on a enregistré une multiplication par six de la demande mondiale de l'eau. Environ trois milliards de personnes (environ 40 % de la population mondiale) vivent dans des zones où la demande est supérieure à l'offre[7]. Cette situation devrait s'aggraver au cours des décennies à venir à mesure que la population augmente, et que les économies, l'agriculture et l'industrie se développent.

Pourtant, le changement climatique se poursuivra inévitablement. Il imposera à l'humanité des contraintes physiques et économiques, en particulier dans les pays pauvres. Pour s'adapter, il faudra prendre des décisions fortes qui impliquent une planification à plus long terme sur la base d'une large gamme de scénarii climatiques et socio-économiques (Dumas, 2006). Les pays peuvent réduire les risques financiers et matériels associés à la variabilité du climat et aux phénomènes météorologiques extrêmes. Ils peuvent également protéger leurs citoyens les plus vulnérables ce d'autant plus que la population mondiale subit déjà les dommages dus au changement climatique. Ainsi donc, même si aujourd'hui les dirigeants du monde entier s'accordent sur une restriction drastique des émissions de gaz à effet de serre, les perspectives sont préoccupantes pour des centaines de millions de personnes, dont la plupart comptent parmi les plus vulnérables sur terre (Dumas, 2006).

Le monde doit agir immédiatement et de manière résolue pour faire face à ce problème, la plus grande menace pesant sur l'humanité au 21e siècle. À long terme, les actions d'atténuation des effets du changement climatique à travers la réduction des niveaux de gaz à effet de serre dans l'atmosphère seront essentielles. Mais ces changements sont déjà une réalité et ils font déjà peser de graves menaces sur la disponibilité et la qualité de l'eau potable. Cette menace est réitérée dans le rapport du GIEC de 2008 qui prévoit avec certitude que les effets négatifs du changement climatique sur les ressources en eau dépasseraient les avantages. À cet effet, la superficie totale des zones exposées à un stress hydrique croissant d'ici 2050 représente plus du double de celles exposées à un stress hydrique décroissant. Bien évidemment, une telle insécurité de l'eau a des répercussions ou des effets dévastateurs sur la prospérité économique d'un pays et le bien-être de ses citoyens.

---

[7]Groupe de Recherche en Economie et Management de l'Environnement Sur mandat de l'Office Fédéral de l'Environnement (OFEV) le 28 août 2012

Malgré le fait que les pays en voie de développement et particulièrement les pays africains ont les niveaux de pollution les plus bas, il n'en demeure pas moins que la sécurité de l'eau dans ces pays est particulièrement vulnérable aux effets du changement climatique qui constitue une préoccupation de dimension planétaire. En raison de leur situation géographique notamment, ces pays subissent de plein fouet le changement climatique, en partie à cause de la faiblesse de leurs revenus et de leurs capacités institutionnelles qui limitent l'ampleur de leurs stratégies d'adaptation à l'évolution des ressources en eau, et aussi parce qu'ils dépendent étroitement des industries fondées sur l'eau, comme l'agriculture (Dumas, 2006). En Afrique, l'effet combiné des températures élevées, de la hausse de l'évaporation et d'une baisse de la pluviométrie a réduit de 40 % le débit de plusieurs grands cours d'eau et provoqué des sécheresses récurrentes dans la corne de l'Afrique (Dumas, 2006).

La conférence de Rio de Janeiro de 1992 a suscité une prise de conscience mondiale plus aigüe des menaces qui pèsent sur l'environnement et sur les ressources naturelles, dont l'eau en particulier. C'est ainsi qu'au cours du Sommet Mondial sur le Développement Durable (SMDD) tenu à Johannesburg en 2002, un constat global s'est dégagé à savoir l'amenuisement progressif des ressources en eau mobilisables lié au développement industriel, urbain, et agricole, auquel s'ajoutent une forte croissance démographique et donc une augmentation sans cesse des besoins en eau de bonne qualité et les aléas du changement climatique.

Le Cameroun n'en est point exclu malgré l'optimisme de Fonteh (2003), qui, à travers une série de statistiques sur la situation de l'eau douce dans les dix régions du Cameroun, laisse entrevoir que l'eau ne sera pas un problème pour ce pays en termes de disponibilité d'ici 2050. En effet, suivant ses prévisions et conformément à la définition du PNUD (1992) qui stipule qu'une région est en situation de pénurie d'eau ou de stress hydrique lorsque la disponibilité en eau par habitant et par an est inférieure à 1000 m$^3$ ou à 1700 m$^3$ respectivement, nous pouvons dire qu'à l'horizon 2050, seule la région du Nord sera en situation de pénurie tandis que la région de l'Ouest sera en situation de stress hydrique. En d'autres termes, environ 25 % de la population sera concernée par des problèmes de manque d'eau ou en situation de stress hydrique. Néanmoins, il faut relever ici que ces recherches statistiques effectuées par Fonteh ne prenaient pas en compte l'impact du changement climatique sur les ressources hydriques. Par conséquent et en prenant en compte cette nouvelle donne, cette proportion de la population concernée par le problème d'eau pourrait être plus importante. De plus, on pourrait croire que les effets du changement climatique sur les ressources en eau du Cameroun seront inexistants ou infimes au moins à court terme, alors même que les résultats présentés dans les rapports du GIEC depuis 1990 montrent qu'il est fort possible que les émissions de gaz à effet de serre (GES) notamment le $CO_2$ soient à l'origine de la modification du climat. Or, le climat, la forêt, l'eau potable, les systèmes biophysiques et socio-économiques sont interconnectés de manière complexe.

Par conséquent, une modification de l'un de ces facteurs entraîne la modification des autres. Cette idée est d'ailleurs renforcée entre autres par Willis et Katharine Coman. Willis (2002) établissait l'importance de l'arbre pour le climat. Il démontrait que la présence de la forêt pouvait modifier le climat et par conséquent, le volume et la qualité des eaux disponibles et ceci à l'échelle du bassin. Ainsi, le forestier, gérant ses parcelles, va garder en mémoire le fait qu'il agit également sur la gestion qualitative et quantitative de l'eau de la collectivité. Katharine Coman quant à elle soutient que le réchauffement climatique a une influence notable sur la pluviométrie et donc sur les réserves d'eau et par conséquent sur la quantité d'eau disponible.

De façon générale, suivant les prévisions, le changement climatique doit augmenter à la fois la fréquence et l'intensité des évènements climatiques extrêmes, et bousculer le fonctionnement actuel du climat et des pluies dont dépendent énormément les ressources en eau pour leur renouvellement en qualité et en quantité. Ces phénomènes climatiques extrêmes affectent sérieusement les ressources en eau du Cameroun. Dans certains bassins, ils prennent même une envergure catastrophique. Trois des cinq bassins hydrographiques que compte le pays sont touchés par le phénomène de désertification. Il s'agit des bassins septentrionaux du Lac Tchad, du Niger et de la Sanaga. L'ampleur du phénomène est toutefois décroissante en allant du Nord au Sud. Quant aux inondations, le Cameroun a été marqué depuis les années 1990, par des inondations à répétition d'une rare ampleur. Elles ont envahi les régions du Centre, du Littoral, du Nord et de l'Extrême Nord. Les inondations sont ainsi devenues de plus en plus fréquentes et dévastatrices et ont un effet cumulatif négatif. Même si à long terme, les actions d'atténuation des effets du changement climatique à travers la réduction des niveaux de gaz à effet de serre dans l'atmosphère seraient nécessaires, il n'en demeure pas moins que ces changements représentent déjà une réalité à court terme.

L'Afrique centrale en général et le Cameroun en particulier a souscrit à la recommandation du Sommet Mondial pour le Développement Durable (SMDD) de Johannesburg de 2002, recommandation relative à l'élaboration des plans d'Action nationale de Gestion Intégrée des Ressources en Eau et d'utilisation efficace de l'eau comme repère important pour la réalisation des Objectifs du Millénaire pour le Développement (OMD). En effet, parce que la problématique de l'eau potable alimente de plus en plus les débats au niveau mondial, elle a figuré à juste titre au cœur des Objectifs du Millénaire pour le Développement (OMD), à savoir réduire de moitié, d'ici 2015, le pourcentage de la population qui n'a pas accès de façon durable à un approvisionnement en eau potable et à un assainissement de base. Les estimations pour 2006 révèlent que la population qui dépend des points d'eau non améliorés s'élève à 884 millions de personnes. C'est en Afrique subsaharienne que le taux d'accès à l'eau potable est le plus faible du monde. En effet, seuls 46 % de la population rurale et 81 % de la population urbaine y ont accès. Au rythme actuel des investissements dans le secteur, l'Afrique subsaharienne n'atteindra pas les OMD. C'est justement pour cette raison que les Nations Unies pensent de plus en plus à intégrer l'accessibilité à l'eau comme un indicateur de développement.

En somme, les activités anthropiques de l'homme contribuent à laisser les empreintes de l'homme sur son milieu naturel et par conséquent sur l'eau qui est une composante majeure de la qualité de l'environnement. Or le rôle de l'eau est largement reconnu dans la réalisation des objectifs de développement socio-économique. Cependant, il est fort regrettable que l'on ne puisse compter sur une exploitation durable de ces ressources hydriques. En effet, si par exemple, un pays est en situation de dépendance vis-à-vis de ses recettes à l'exportation de produits forestiers telle que c'est le cas pour le Cameroun où les activités du secteur primaire représentent 21 % du PIB, les pluies acides représentent un véritable fléau. Ainsi, les pays en voie de développement se voient contraints d'effectuer des choix difficiles dans leur processus de développement, notamment, l'arbitrage relatif aux efforts de développement à travers l'exploitation des ressources naturelles et le développement du tissu industriel avec l'amélioration de l'accès à l'eau potable. C'est dans ce contexte que nous nous sommes proposé d'effectuer une étude sur le thème de « **Impact Potentiel du Changement climatique sur le Coût de l'offre de l'eau potable : une étude de cas dans la ville de Douala au Cameroun** ». Ce qui soulève de ce fait le problème du comportement adaptatif des agents économiques à une externalité[8] telle que le changement climatique.

## 1.2. PROBLÉMATIQUE

La logique marchande a l'avantage de contraindre les acteurs à révéler leurs préférences, c'est-à-dire leurs dispositions à payer. Mais nous savons qu'elle comporte aussi des carences, notamment du fait des effets externes. La production et la consommation des biens et services, privés ou publics, se traduisent par des effets externes négatifs, non pris en compte par le marché, et qui correspondent à un coût pour la collectivité. La question donc de l'adaptation des agents économiques à l'empreinte de l'Homme sur son environnement ou aux externalités a connu plusieurs traitements sur le plan de la théorie économique. Pour Crozet Y. (1991) et le paradigme du passager clandestin, dès que l'usage d'un bien est indivisible tel que c'est le cas pour les ressources en eau douce, le comportement de l'agent va consister à essayer d'obtenir ce bien sans en supporter le coût. En effet, disposer d'une chose gratuitement est toujours préférable à devoir la payer Lepage H. (1985)[9]. Par conséquent, la solution au risque de gaspillage et de sous-optimalité que fait peser l'attitude du passager clandestin passe par

---

[8] Crozet Y. (1991), définit une externalité comme étant toute situation où la consommation ou la production d'un bien ou service par un acteur modifie la fonction d'utilité ou la fonction de production d'un ou plusieurs autres.

[9] Cité par Crozet Y. (1991) dans l'analyse économique de l'État.

l'établissement de droits de propriété qui empêchent la manifestation des indivisibilités.

Les effets externes sont analysés par les théoriciens néoclassiques comme des défaillances par rapport au cadre de la concurrence parfaite. Par les gains ou les coûts supplémentaires imprévus qu'ils apportent, les effets externes faussent les calculs d'optimisation des agents économiques rationnels et sont source de mauvaise allocation des ressources limitées dont dispose une économie (ce qui l'empêche d'atteindre un état jugé optimal au sens de PARETO). L'agent va ainsi s'adapter en faisant entrer à l'intérieur de la configuration marchande idéale (à travers la taxe pigouvienne ou en le considérant comme facteur de production par exemple), ce qui, au départ, lui est extérieur et rétablir par conséquent des possibilités d'une régulation marchande. Kuznet trouve par ailleurs que les objectifs de protection de l'environnement et de développement économique sont plus difficilement conciliables que complémentaires et nécessitent des politiques élaborées. Il existe selon lui une relation en « U inversé » ou courbe environnementale de Kuznet, entre certains polluants et le produit brut d'un pays. Une telle relation suppose que les modes de consommation et de production évoluent dans le sens d'une demande croissante de qualité environnementale en fonction des revenus.

Pour George Perkins Marsh (1864) et Friedrich Ratzel (1882) tenant de l'économie destructrice, la rationalité des agents économiques et le jeu des prix n'ont pas opéré dans le sens d'une bonne gestion de la ressource naturelle. Il devient donc urgent de bâtir une économie écologique. Cette dernière contribuerait à la finition et à la modification du rapport des sociétés occidentales à la nature (René Passet, 1979). Le développement économique est conditionné dans ce cas, par l'efficience écologique (« ecological effectiveness ») du progrès technique appliqué aux activités économiques (Njomgang C., 2005). Ce problème est distinct du problème de la croissance zéro posé dans les années cinquante par le Club de Rome. Il s'agit en effet non pas de ralentir la croissance pour en réduire les impacts environnementaux, mais plutôt d'instaurer une croissance dans laquelle le progrès technique augmente à la fois l'efficacité du capital matériel et la reproductibilité du capital naturel.

Ainsi donc, une externalité telle que le changement climatique qui engendre des pertes de bien-être de la part des agents (producteurs et consommateurs d'eau potable par exemple) provoque une modification de leurs (agents) comportements pour s'y adapter. À cet effet, l'inadéquation ou le déficit existant entre l'offre et la demande en eau potable dans la ville de Douala au Cameroun et, ce, malgré la forte demande qui existe pour l'acquisition de cette ressource peut être la résultante d'une telle externalité (variation climatique). Dès lors, il sera question pour nous dans une logique néoclassique de répondre à la question suivante : **quel est l'impact potentiel du changement climatique sur le coût de l'offre de l'eau potable à Douala ?**

Cette interrogation porte aussi bien sur l'impact du changement climatique sur la disponibilité et la qualité de l'eau douce que sur les coûts de production de l'eau potable, d'où les questions spécifiques suivantes :

1- Quel sera l'impact du changement climatique sur le niveau marin à Douala ?
2- Quel sera l'impact du changement climatique sur l'évolution du trait de côte de la ville de Douala ?
3- Quels seront l'impact de l'évolution du niveau marin et du recul du trait de côte sur la qualité des eaux de la ville de Douala ?
4- Quels seront les coûts supplémentaires induits par ce changement sur la production de l'eau potable dans la ville de Douala ?

Dans le cadre de cette étude, nous nous appesantissons uniquement sur la salinité des eaux, car le processus de désalinisation permet de résoudre tous les autres problèmes de qualité des eaux.

## 1.3. INTÉRÊT DE LA RECHERCHE

Il est certes vrai que de nombreuses recherches ont été menées dans le domaine de la quantification de l'importance physique des impacts du changement climatique sur la qualité des eaux (souterraines et superficielles). Il n'en demeure pas moins que peu de travaux ont été consacrés à l'estimation de l'impact du changement climatique sur l'offre d'eau, ceci se justifiant par le fait que l'évaluation économique globale de l'impact du changement climatique sur la gestion de l'eau se heurte à un certain nombre de difficultés, notamment relatives au manque de données adaptées et au fait que les impacts du changement climatique à la fois sur la quantité et sur la qualité de l'eau peuvent varier fortement en fonction des pays. Notre travail trouverait son intérêt dans le fait qu'il va contribuer à réduire le déficit de connaissances dans ce domaine et fournir des éléments nécessaires pour parcourir la chaîne causale : changement climatique local → évolution régionalisée de la pluviométrie → transformation du régime des eaux à l'échelle du bassin → détection des tensions entre demandes futures en eau des ressources disponibles → tension entre usages → prix de l'eau et impact sur la demande → équilibre général des tensions en eau du fait de leur effet sur l'agriculture, le tourisme et l'industrie[10].

## 1.4. OBJECTIFS

### 1.4.1. Objectif général

La présente étude a pour objectif de déterminer les effets probables du changement climatique sur l'offre en eau potable dans la ville de Douala. En d'autres termes, il s'agit de développer un outil qui permettra de comprendre la contribution du changement climatique dans la justification de l'écart qui existe entre l'offre et la demande en eau potable dans la ville de Douala afin d'amorcer des solutions envisageables pour réduire celui-ci.

### 1.4.2. Objectifs spécifiques

1- Déterminer l'évolution des températures de la ville de Douala ;
2- Déterminer l'évolution du niveau de la mer à Douala ;
3- Déterminer la vitesse d'évolution du trait de côte de la ville de Douala ;

[10] Cette chaîne causale a été élaborée par Hypatia NASSOPOULOS dans le cadre de sa thèse de doctorat soutenu en 2012 sur les impacts du changement climatique sur les ressources en eaux en Méditerranée

4- Déterminer l'impact du changement climatique sur la qualité des eaux de la ville de Douala ;
5- Déterminer les coûts de production supplémentaire d'eau potable induits par ce changement dans la ville de Douala.

## 1.5. HYPOTHÈSES

### 1.5.1. Hypothèse générale

L'offre en eau potable est influencée par les effets du changement climatique. En d'autres termes, le changement climatique endommage qualitativement et quantitativement les ressources en eau douce de la ville de Douala et par conséquent le coût de production d'eau potable à Douala.

### 1.5.2. Hypothèses spécifiques

**H1.** Le changement de température entraîne la hausse du niveau de la mer, ce qui provoque la dégradation qualitative des ressources d'eau douce de la ville de Douala.

**H2.** La hausse du niveau marin à Douala entraîne le recul du trait de côte ce qui contribue à la dégradation qualitative des ressources en eau de la ville de Douala.

**H3.** La dégradation qualitative et quantitative des ressources d'eau douce due au changement climatique et/ou à la hausse du niveau de la mer entraîne une augmentation des coûts de potabilisation de l'eau dans la ville de Douala.

# CHAPITRE I

# CONCEPT DE CHANGEMENT CLIMATIQUE, CADRE THÉORIQUE SUR LA POLLUTION, LA DÉGRADATION DE L'ENVIRONNEMENT ET REVUE CRITIQUE DE LA LITTÉRATURE

*« Il n'y a rien de plus pratique qu'une bonne théorie »* ***Kurt Lewin***

La richesse des pays a été longtemps mesurée par son produit intérieur brut (PIB). Plus récemment, la notion d'une croissance humaine équitable et durable a emmené les économistes à imaginer d'autres mesures de la richesse des pays notamment : l'indice de développement humain (IDH) et le PIB vert qui est lié à l'importance désormais accordée à l'environnement.

Il s'agit d'abord pour nous ici de clarifier le concept de changement climatique, concept relativement nouveau et au centre de cette étude. Après la clarification de cet important concept, nous ferons le point sur le cadre théorique notamment la théorie de la pollution et production, enfin une revue de la littérature empirique relative à la ressource hydrique.

## 2.1. CONCEPT DU CHANGEMENT CLIMATIQUE

### 2.1.1. La genèse du discours sur le changement climatique

L'histoire du changement climatique débute réellement par les travaux du savant suédois Svante Arrhenius (1896). Il voulait expliquer les cycles de glaciations qui ont rythmé l'histoire de la Terre, et il crut déceler dans le dioxyde de carbone, l'élément de l'atmosphère à l'origine des changements de température passés. Cet élément et d'une manière générale, les gaz dont les molécules comportent au moins trois atomes, absorbent une partie du rayonnement infrarouge et en réémettent dans toutes les directions. Le gaz carbonique est présent en très petite quantité dans l'atmosphère. Il nomme l'action de ces gaz « effet de serre ». Arrhenius constate que les hommes et leur civilisation industrielle sont à l'origine de l'émission d'une part importante du CO2 présent dans l'atmosphère, et que la proportion de celui-ci croit en fonction des consommations de charbon.

Dans les années 1950, un chercheur américain, David Keeling (1957), met au point un instrument de mesure de la teneur de l'atmosphère en CO2. Il s'aperçoit vite que ce gaz se répartit uniformément dans tout endroit de la Terre, et ne reste pas confiné aux seuls continents industrialisés. Les taux en dioxyde de carbone ne cessent de croître. Gilbert Plass (1953) élabore même le premier modèle traité par ordinateur, pour simuler l'effet du taux de CO2 dans les variations de la température terrestre.

La Fondation Nationale des Sciences Américaine (NSF) juge la situation suffisamment inquiétante pour réunir en 1979 la première Conférence mondiale sur le Climat, à Genève. Un Programme Mondial de Recherches sur le Climat (PMRC) est lancé à cette occasion, dont la conduite est confiée à l'Organisation Météorologique Mondiale (OMM), au Programme des Nations Unies pour l'Environnement (PNUE), et au Conseil International des Unions Scientifiques (CIUS).

On décèle alors des facteurs d'amplification du phénomène, des « rétroactions positives » : en particulier, la vapeur d'eau résultant de l'évaporation des océans et de la transpiration végétale sous l'effet de la chaleur induite par le CO2. Du reste, la vapeur d'eau est présente dans l'atmosphère à des taux bien plus importants que le dioxyde de carbone.

En 1982, la station climatique soviétique de Vostok montre que sur 140 000 ans de composition atmosphérique, il existe une très bonne corrélation entre température et taux de CO2. Un ambitieux programme est alors lancé par le CIUS : le Programme international Biosphère-Géosphère (PIGB).

Grâce aux compléments apportés par la théorie de l'hérédité de Mendel et par celle de l'évolution de Darwin, Vladimir Vernadski forge en 1936 le concept de biosphère. Selon lui, la Terre peut être analysée comme la conjonction de quatre domaines : l'hydrosphère[11], la lithosphère, l'atmosphère et la biosphère. La biosphère rassemble les 92 éléments chimiques qui s'assemblent en une infinité de molécules ; elle est soumise aux lois de l'entropie, qui veut que de l'ordre naisse le désordre. Mais le vivant a aussi la capacité de s'opposer à cette entropie, et de créer un ordre nouveau à partir du désordre. L'équilibre de la biosphère résulte de l'homéostasie[12], et de la faculté d'adaptation du vivant, accrue par l'intelligence alliée à l'instinct de survie.

Arne Naess (1973) bousculera ce paradigme en considérant que c'est l'activité de tous les êtres qui contribue à l'équilibre et à l'évolution de la biosphère, et l'homme est un être parmi bien d'autres. Tous, végétaux, animaux, humains compris, ont un droit égal à vivre et se reproduire, et nous ne devons pas agir si nous ne connaissons pas les répercussions de nos actes sur la vie des autres êtres et de l'écosphère.

Ce terreau a pu servir de fondement à l'écologie politique contemporaine. John K. Galbraith fait paraître en 1958 *l'Ère de l'opulence* (The Affluent Society), livre dans lequel il soutient que les gens consomment ce que les producteurs leur imposent, et souvent sans nécessité. On craint le « péril jaune », les mégapoles enflent démesurément, et la circulation automobile transforme de nombreuses villes en espaces de grand désordre.

La terreur thermonucléaire est présente dans tous les esprits, comme Docteur Folamour (1964) le montrera. Dans ce cadre, l'écologie politique développe le concept de l'empreinte de l'homme sur le milieu[13]. La réflexion va au-delà du seul souci de préserver la nature.

---

[11] L'hydrosphère est le cycle de l'eau.

[12] L'homéostasie (du grec homeo « semblable » et stasis « arrêt ») est la capacité que peut avoir un système quelconque à conserver son équilibre de fonctionnement en dépit des contraintes qui lui sont extérieures. Selon Claude Bernard, « l'homéostasie est l'équilibre dynamique qui nous maintient en vie. » La notion est apparue en biologie, relativement à l'équilibre chimique des organismes vivants, mais s'est révélée utile à la définition de toutes formes d'organismes en sociologie, en politique et plus généralement dans les sciences des systèmes. Il était abondamment utilisé par William Ross Ashby, l'un des pères de la cybernétique.

[13] Concept visant à mettre en exergue les causes anthropiques du changement climatique.

Elle remet en cause les modes de vie, les dogmes, les fondements de la société.

C'est dans ce contexte que va se tenir une réunion capitale : celle du Club de Rome. Cet aréopage publie son premier rapport en 1972, le Rapport Meadows, qui conclut à l'impossibilité de poursuivre une politique indéfinie de croissance, à l'épuisement prochain des ressources de la planète, à la famine, à une pollution dévastatrice, à l'asphyxie par surpopulation. Limiter autoritairement les naissances, taxer lourdement l'industrie, mener une lutte résolue contre la pollution en sont les préconisations majeures. C'est ainsi que dès 1974, Henry Kissinger rédige dans le plus grand secret le National Security Study Memorandum, dans lequel il préconise des mesures destinées à diminuer la population des pays pauvres, et de subordonner l'aide alimentaire des États-Unis à la mise en œuvre de telles mesures.

### 2.1.2. Définitions

Le réchauffement climatique désigne la modification climatique de la Terre caractérisée par une augmentation de la température moyenne des océans et de l'atmosphère sur plusieurs années. Il serait attribuable à 90 % à l'Homme depuis 1950, selon les expertises du Groupe d'experts intergouvernemental sur l'évolution du climat (GIEC), chargé d'évaluer et de synthétiser les travaux menés par les laboratoires du monde entier, afin de mieux comprendre les risques liés au réchauffement de la planète, d'en prévoir les conséquences et de définir les stratégies pour pallier ceux-ci.

Le changement climatique désigne une variation statistiquement significative de l'état moyen du climat ou de sa variabilité persistant pendant de longues périodes (généralement, pendant des décennies voire plus). Les changements climatiques peuvent être dus à des processus internes naturels, à des forçages externes, à des changements anthropiques persistants de la composition de l'atmosphère ou de l'affectation des terres. On notera que la Convention-Cadre des Nations Unies sur les Changements Climatiques (CCNUCC), dans son Article 1, définit les « changements climatiques » comme étant des « changements de climat qui sont attribués directement ou indirectement à une activité humaine altérant la composition de l'atmosphère mondiale et qui viennent s'ajouter à la variabilité naturelle du climat observée au cours de périodes comparables ». La CCNUCC fait ainsi une distinction entre les « changements climatiques » qui peuvent être attribués aux activités anthropiques altérant la composition de l'atmosphère, et la « variabilité climatique » due à des causes naturelles. Par contre, dans les travaux du GIEC, le terme « changement climatique » fait référence à tout changement dans le temps, qu'il soit dû à la variabilité naturelle ou aux activités humaines.

**Le climat** se définit comme étant l'ensemble des phénomènes (pression, température, humidité, précipitations, ensoleillement, vent, etc.) qui caractérisent l'état moyen de l'atmosphère et de son évolution en un lieu donné (Sighomnou, 2004). L'étude du climat d'une région passe donc par celle des principaux paramètres qui le constituent, lesquels doivent être quasiment constants pour définir une unité climatique donnée. Ces paramètres climatiques peuvent subir des modifications notables dans le temps avec des amplitudes plus ou moins grandes : on parle alors de variabilité et de changements climatiques selon l'échelle temporelle de la modification.

**La variabilité climatique** est donc un phénomène normal traduisant les fluctuations des paramètres climatiques, mais sur une courte durée.

**Le changement climatique anthropique** est le fait des émissions de gaz à effet de serre engendrées par les activités humaines, modifiant la composition de l'atmosphère de la planète.

Nous adopterons dans le cadre de cette étude la définition proposée par le GIEC à savoir le changement climatique est tout changement dans le temps du climat, qu'il soit dû à la variabilité naturelle ou aux activités humaines. En effet, dans la réalité il est difficile de faire la distinction entre la variation climatique due à l'activité humaine et celle liée aux activités naturelles.

Les effets directs et indirects de ces changements sur les activités socio-économiques, comme le montre la figure 2.1, justifient l'intérêt que les économistes ont pour l'environnement au travers de l'élaboration de multiples théories.

**Impacts directs et indirects des changements climatiques**

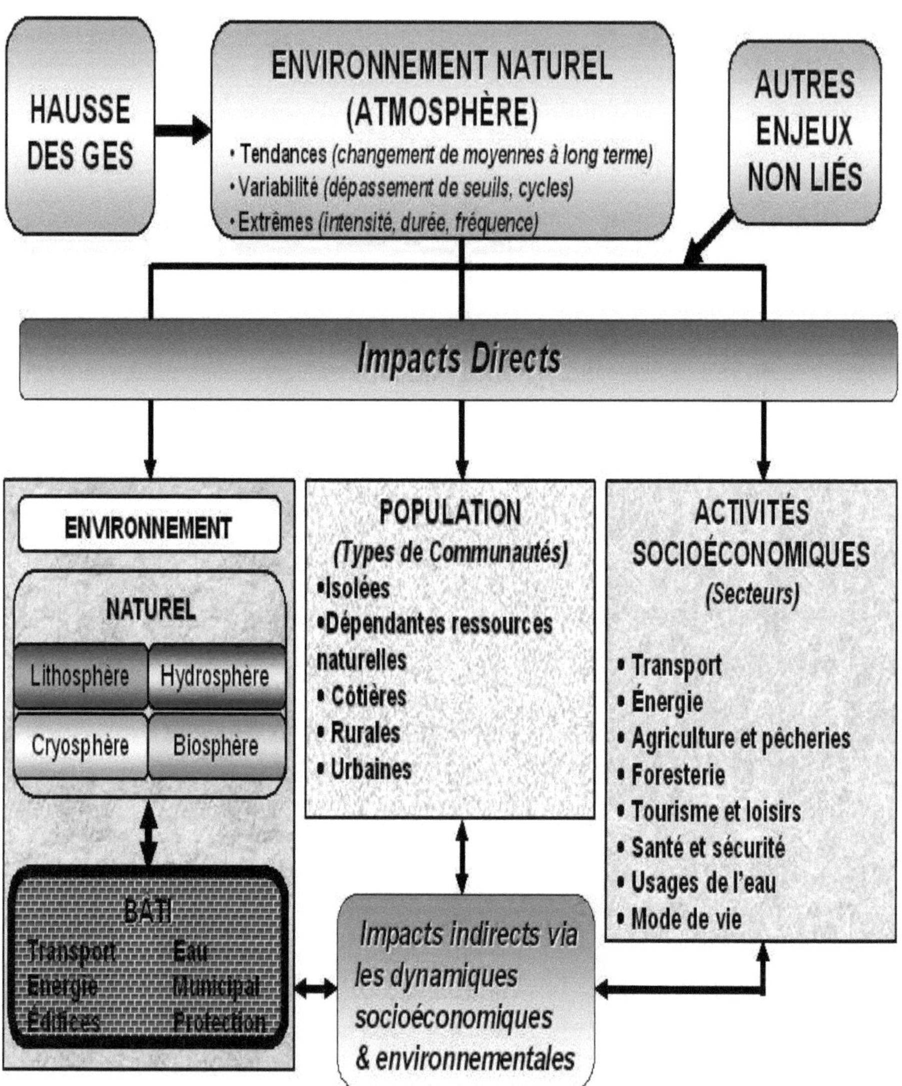


Source : adaptée d'Ouranos (2007)

## 2.2. ÉVOLUTION THÉORIQUE

Divers courants de pensée en économie se sont intéressés à la question de l'environnement. Cette section vise ainsi à présenter la place qu'occupe l'environnement dans les théories économiques classique, néoclassique et écologique.

### 2.2.1. Les classiques anglais et la reconnaissance des tensions écologiques

Les considérations naturelles et économiques de l'homme au monde ont été amorcées par les physiocrates et les économistes classiques. Leurs analyses de la dynamique de la population et des caractéristiques de l'activité agricole mettent l'accent sur les limites que rencontrera le développement économique.

#### 2.2.1.1. Le principe de population de Thomas Malthus

Malthus s'interroge sur le progrès de l'humanité : est-il sans limites, ou bien au contraire, y a-t-il des obstacles à cette marche en avant de la civilisation ? Le principal obstacle au progrès est ce qu'il appelle le principe de population. « La nature, écrit Malthus (1803), a répandu d'une main libérale les germes de la vie dans les deux règnes, mais elle a été économe de place et d'aliments. Les plantes et les animaux suivent leur instinct, sans être arrêtés par la prévoyance des besoins qu'éprouvera leur progéniture. Le défaut de place et de nourriture détruit, dans ces deux règnes, ce qui naît au-delà des limites assignées à chaque espèce ». La conclusion de Malthus est simple : la lutte pour la vie à laquelle se livrent les êtres vivants débouche nécessairement sur un équilibre naturel. Malthus n'hésite pas à transposer cette loi au domaine des sciences humaines. Appliquée à celles-ci, la loi ou principe de population trouve même une expression mathématique précise puisque, selon Malthus, la population humaine tend à s'accroître suivant une progression géométrique tandis que les ressources vivrières à sa disposition ne font que croître selon une progression arithmétique. Dans ces conditions, il est évident qu'intervient une régulation démographique, mais celle-ci peut s'effectuer selon deux logiques : la première repose sur le frein destructif qui recouvre toutes les causes qui tendent à abréger la durée naturelle de la vie humaine (misère, guerres, maladies) ; la seconde repose sur le frein préventif qui constitue la contrainte morale qui prévaut dans le cadre de l'abstinence et la chasteté. Selon Malthus, c'est essentiellement le premier frein qui a joué jusqu'alors. Malthus se montre cependant de plus en plus confiant dans les possibilités d'action du second frein.

#### 2.2.1.2. La loi des rendements décroissants de Ricardo

Reprenant une analogie proposée par Malthus, Ricardo (1817) compare la terre à une série graduée de machines propres à produire du blé et des matières brutes. Chacune de ces machines présente des facultés impérissables et indestructibles. La nature est éternelle et inépuisable. Cependant, du point de vue de leur fertilité, ces machines apparaissent plus ou moins parfaites, et il est possible de les classer par ordre décroissant de productivité. Au fur et à mesure de la croissance de la population et de l'augmentation des besoins alimentaires qui s'ensuit, des terres de moins en moins fertiles doivent être mises en culture, des terres qui présentent des coûts de production du blé de plus en plus élevés. On voit donc que si la fertilité originale des terres reste la même, les rendements agricoles sont décroissants. La production de la nourriture apparaît foncièrement différente de la production industrielle. Ricardo est alors convaincu que la production industrielle ne rencontrera aucune limite, ni écologique ni économique.

En revanche, il en va différemment pour la production agricole. Les meilleures terres étant utilisées les premières, selon l'hypothèse de Ricardo, le progrès oblige à la mise en œuvre de terres agricoles de moins en moins performantes. Et c'est dans cette mainmise sur la nature et dans cette mise en culture de la terre que se loge la finitude de la dynamique économique et l'enrichissement des nations. Se tournant ensuite vers la classe ouvrière, Ricardo s'attaque aux lois des pauvres. Il est d'avis de ne pas prêter assistance à la classe ouvrière, car le salaire réel est le principal régulateur de la population et de sa juste limite (Malthus). De fait, ces économistes libéraux considéreront que le travail est une marchandise comme une autre. Le salaire doit donc être soumis au libre jeu de la concurrence. Ainsi selon Ricardo, il arrivera un moment où le capitalisme se transformera en un état stationnaire, non plus préoccupé par la croissance économique, mais par sa reproduction à l'identique. La réflexion des économistes classiques anglais débouche donc sur un monde du temps infini et le mythe de l'éternité.

### 2.2.2. Le temps des ruptures

Jusqu'au début du 19e siècle, l'économie humaine se pense dans les limites et les termes de ceux de la nature et, inversement, l'économie de la nature se conçoit métaphoriquement dans ceux de l'économie des hommes. Cette cohérence est le propre des sociétés largement agricoles, utilisatrices d'énergie froide (hydraulique, éolienne), dépendantes des rythmes et des cycles naturels. Cette vision de l'état stationnaire et linéaire va être battue en brèche par Darwin avec son paradigme d'une nature en évolution. L'homme appartient alors à une nature qui évolue, à une nature qu'il est susceptible de faire évoluer, à une nature qu'il est même capable de transformer profondément.

#### 2.2.2.1. La révolution industrielle : une déclaration de guerre contre la nature

La révolution industrielle de 1815 a fait accroître le niveau de technologies ainsi que le volume de production de l'Angleterre. Cette révolution a marqué sans aucun doute l'hégémonie de l'Angleterre en Europe, car la seule puissance militaire n'est plus suffisante pour dominer le monde ; désormais, il faut disposer d'une puissance économique et industrielle.

C'est l'ère de la révolution industrielle. L'industrialisation sous l'emprise des saint-simoniens a pour vocation de procéder au remodelage actif de la terre et de réparer les injustices et les aveuglements des mécanismes naturels. De cette volonté sortiront des projets du canal de Suez, de Panama et même du tunnel et du chemin de fer sous la Manche. Mais la véritable révolution est ailleurs, certains l'ont même baptisée « révolution carnotienne ».

**+ *La révolution Carnotienne***

Sadi Carnot constitue la figure de cette révolution technico-scientifique, socio-économique et écologique. Cet ingénieur militaire voit bien que le feu des machines à vapeur prend le relais du feu des canons. Les machines à feu « paraissent destinées à produire une grande révolution dans le monde civilisé ».

La puissance motrice, créatrice du feu est mise au service de la richesse des nations. Cependant, même civilisé, le feu reste destructeur, et en étudiant les machines à feu, Sadi Carnot donne une première formulation du principe d'entropie, le principe de dissipation de l'énergie, la loi de la mort des systèmes. Le livre de Carnot publié en 1824, et intitulé « *Réflexions sur la puissance motrice du feu et sur les machines propres à développer cette puissance* » constitue un des actes de naissance de la thermodynamique (l'irréversibilité s'installe au cœur de la physique). La thermodynamique, appelée la puissance motrice du feu, était à l'origine de la science de la chaleur ou la science qui étudiait les rapports entre les phénomènes thermiques et ceux du mouvement. Elle devient ensuite la science de l'énergie.

L'énergie peut prendre différentes formes (nucléaire, rayonnante, chimique, mécanique, électrique) qui correspondent à des états différents d'organisation de la matière. La thermodynamique est fondée sur 4 principes :

- ✓ principe zéro : principe de transitivité de l'équilibre thermodynamique ;
- ✓ principe de conservation de l'énergie : il stipule que la quantité d'énergie dans un système clos est constante. Ce principe exprime les possibilités de conversion et les équivalences entre les différentes formes d'énergies ;
- ✓ principe de dissipation de l'énergie ou principe d'entropie. Ce deuxième principe stipule que toute transformation énergétique s'accompagne d'une dégradation de l'énergie. L'énergie n'est jamais détruite, mais change de forme. L'énergie se dissipe jusqu'à se transformer en chaleur qui étant la forme la plus dégradée de l'énergie, ne peut plus subir de transformation et devient si diffuse qu'elle ne peut être utilisée par l'homme. Dans ces conditions, s'il est possible de transformer tout travail en chaleur, il est impossible de transformer tout le travail en chaleur ;
- ✓ Principe de la thermodynamique : impossible de refroidir un corps à la température du 0 absolu en un nombre fini d'étapes.

Mis en première ligne dans cette guerre contre la nature, les ingénieurs économistes seront parmi les premiers à prévoir les répercussions écologiques de la révolution industrielle.

### *La conscience des ruptures écologiques*

#### L'épuisement des ressources naturelles

Les sources d'énergie qui approvisionnaient les machines froides se présentent sous forme de flux naturels tels que les courants d'air et d'eau. La source d'énergie fossile qui alimente les machines à feu est un stock, c'est-à-dire une grandeur finie. Les premiers ingénieurs économistes sont particulièrement conscients de cette finitude et de l'épuisement inéluctable des ressources énergétiques déposées (Stanley Jevons, 1879 et la question du Charbon).

#### Le problème de l'effet de serre

Les réflexions porteront également sur les répercussions environnementales qui interviendront en aval du processus économique et industriel. Avec les travaux sur les effets de serre de Joseph Fourier (1827), la thermodynamique acquiert une valeur paradigmatique universelle. La terre vue par Fourier fait figure de machine thermique proche de celle décrite par Carnot. Ainsi, l'établissement et le progrès des sciences humaines, l'action des forces naturelles peuvent changer notablement et dans de vastes contrées l'état de la surface du sol, la distribution des eaux, et les grands mouvements de l'air. De tels effets sont propres à faire varier dans le cours de plusieurs siècles, le degré de la chaleur moyenne. Certes, on aura besoin des travaux du physicien et météorologue François Pouillet pour comprendre les propriétés radiatives des gaz atmosphériques et les mécanismes réellement en jeu dans l'effet de serre. Il faudra attendre le début du 20e siècle et les travaux de Svante Arrhenius (1896) ainsi que ceux de Kuznets (1955) pour faire définitivement le lien entre développement industriel ou croissance économique, consommation d'énergie fossile, augmentation de la concentration atmosphérique de gaz carbonique, effet de serre et changement climatique à l'échelle du globe.

#### L'économie destructrice

La prise de conscience des problèmes environnementaux s'étend à une échelle géographique de plus en plus grande. Richard Grove (1850) constate que le problème de la déforestation est déjà conçu comme un phénomène d'ampleur continentale. Au début des années 1860, les peurs portant sur une modification climatique artificiellement produite et sur l'extinction des espèces atteignent leur apogée. Les effets irréversibles des activités humaines sur l'environnement sont dénoncés par George Perkins Marsh (1864). Un courant de pensée parti de la géographie allemande, avec à sa tête Friedrich Ratzel (1882) en viendra même à développer la notion d'économie destructrice. Dans sa célèbre étude sur l'économie des huîtres du Wattenmeer, Karl Môbius (1877) rend compte de cette économie destructrice en étudiant les interactions entre l'économie humaine et l'économie naturelle dans lesquelles s'insèrent ces coquillages. Il montre que le développement des communications dans certaines régions (les chemins de fer) a permis un élargissement du marché de l'huître qui s'est traduit par un ramassage accru des coquillages s'effectuant à un niveau excédant la capacité de reproduction de la ressource ostréicole. Dans ce cas, la rationalité des agents économiques et le jeu des prix n'ont pas opéré dans le sens d'une bonne gestion de la ressource naturelle. Il devient donc urgent de bâtir une économie écologique.

#### 2.2.2.2. Les tentatives de construction d'une économie écologique

À partir de 1880, des projets théoriques d'économie écologique s'élaborent.

- ***L'économiste écologique marxiste : Sergueï Podolinsky***

Pour cerner les problèmes d'insertion des sociétés dans la biosphère, Podolinsky (1880-a, 1880-b, 1880-c) adopte une perspective très large puisqu'il considère la distribution générale de l'énergie dans l'univers. Le soleil est pratiquement l'unique source de toutes les énergies profitables aux hommes. Or, s'il y a une relative constance du flux d'énergie solaire arrivant sur terre, il en va différemment de la quantité de chaleur qui s'y trouve captée et convertie en énergie utile pour les êtres qui y vivent. Deux processus énergétiques sont en effet en compétition sur terre : celui des producteurs et celui des consommateurs au sein des écologistes. À savoir celui des végétaux, seuls capables, grâce à la photosynthèse de transformer de l'énergie solaire en énergie chimique et celui des animaux, dont le métabolisme est incapable d'utiliser directement de l'énergie solaire et qui ne peuvent que dissiper l'énergie accumulée par les végétaux. L'homme, surtout depuis la révolution industrielle, fait partie de la seconde catégorie :

l'exploitation des énergies fossiles apparaît bien comme un déstockage massif et rapide de l'énergie solaire accumulée par les végétaux vivant lors d'ères géologiques reculées. Toutefois, l'homme est un animal particulier, puisqu'il est capable d'accroître la quantité et la qualité de la couverture végétale et donc, la quantité d'énergie captée pour la satisfaction de ses besoins. De plus, prédateur redoutable, il peut faire disparaître les animaux avec lesquels il entre en compétition pour l'acquisition de cette énergie accumulée. Selon Polodinsky, l'homme modifie profondément son environnement et de ce fait même la loi qui régit le niveau de population.

Afin de déterminer le rapport qui existe entre la quantité générale d'énergie sur la terre et la population d'hommes pouvant y vivre, Podolinsky calcule la productivité énergétique de l'organisme humain. Il estime que l'homme peut convertir en travail humain 10 % de l'énergie qu'il consomme. Cela veut dire que la population humaine peut croître à partir du moment où chaque kilocalorie dépensée par l'homme permet d'en obtenir plus de dix. Podolinsky va se livrer ensuite à une étude comparative de la productivité énergétique moyenne de différents écosystèmes et agrosystèmes (pâturage naturel et pâturage ensemencé). La première étape consiste à évaluer la production annuelle moyenne en poids de matière sèche pour chacun des systèmes considérés (2500 à 3100 kg de foin). Dans un deuxième temps, il convertit ces chiffres de production en termes énergétiques (chaque kg de cellulose contient 2550 kilocalories on obtient alors 6 375 000 et 7 905 000 kilocalories). Dans une troisième étape qui ne concerne que les agrosystèmes, il reste à comptabiliser l'apport énergétique que représente le travail des hommes et des animaux domestiques (37 450 kilocalories). Au bilan, le pâturage ensemencé apparaît plus productif que le pâturage naturel (1 530 000 kilocalories en plus), car chaque kilocalorie dépensée par les hommes permet d'en produire 40. Le travail accroît donc l'accumulation de l'énergie sur terre.

### *Les travaux de Patrick Geddes*

Dans le domaine de la biologie, son domaine de prédilection, Patrick Geddes (1884) fait l'étude du devenir des communautés humaines d'un point de vue évolutionniste. Afin de mieux connaître les répercussions écologiques de la société industrielle, il propose de construire une sorte de tableau économique/écologique d'ensemble qui rappelle la construction de Quesnay, et qui préfigure les analyses d'input/output de Leontieff (1970) appliquées aux problèmes d'environnement et les procédures de bilans-matières. À l'aide de ce vaste cadre comptable passé en écriture double (économique d'une part, écologique d'autre part), portant sur les secteurs de la production, de la distribution et de la consommation des richesses d'un territoire donné à un moment donné, Geddes entend mettre ainsi en regard le déploiement des activités économiques et la déperdition énergétique et matérielle qu'elles occasionnent.

Malgré leurs efforts, les deux auteurs ne seront pas écoutés par les chefs de file des grandes écoles de pensée, tant du courant des économistes néoclassiques que du côté des penseurs du socialisme.

### 2.2.3. La théorie néoclassique de l'environnement

La posture épistémologique néoclassique dans la confrontation entre économie et environnement vise à étendre la logique économique néoclassique existante à une nouvelle problématique et à de nouveaux objets. Perçu initialement comme abondant par les économistes, l'environnement est apparu au fil du temps comme une ressource de plus en plus rare. Pour autant, les économistes néoclassiques étaient convaincus qu'il n'existait pas de conflit fondamental entre le développement de la logique économique et le respect de la logique de la biosphère. L'économie néoclassique se définissant comme la science de l'affectation des moyens rares à des usages alternatifs, se présentait ainsi comme la mieux placée pour gérer une ressource (environnementale ou non) qui se raréfiait. Les auteurs néoclassiques reconnaissaient cependant que la prise en compte de l'environnement dans ce qu'ils considèrent être la sphère de l'économique se trouvait généralement gênée par le fait que le prix des biens et services environnementaux ne reflétait pas ou mal leur véritable valeur. Or leur théorie est formelle, tant que les agents économiques recevront des signaux/prix imparfaits, les mécanismes du marché ne pourront assurer une gestion efficace des ressources naturelles et de l'environnement. La théorie néoclassique va donc chercher à dégager un ensemble de règles d'allocation des ressources et des services naturels en s'appuyant sur un système de prix de marché. Ceci va déboucher sur deux problématiques distinctes : l'économie de l'environnement et l'économie des ressources naturelles.

#### 2.2.3.1. L'économie de l'environnement

Les activités habituellement considérées par la théorie économique sont des activités marchandes qui aboutissent à la fixation d'un prix monétaire et à la réalisation d'un échange volontaire. Les relations que les hommes entretiennent avec leur milieu de vie naturelle ne répondent pas à ces caractéristiques. Certaines transactions économiques d'un agent peuvent affecter les ressources ou l'environnement des autres agents, c'est-à-dire leur bien-être. On dit qu'elles exercent des effets externes ou des externalités sur les autres agents (Crozet Y., 1991). La pollution associée aux activités productives ou à la consommation de certains biens en est un bon exemple. Par ailleurs, l'environnement entre dans la catégorie des biens collectifs : il est non appropriable, non exclusif, souvent gratuit, et apporte d'emblée un bien-être à la collectivité (y compris dans le cas où certains individus de la communauté ne le consomment pas). La couche d'ozone n'est pas produite, n'appartient à personne, et est utile pour tous (sans avoir besoin d'exclure quiconque) même si on ne la consomme pas. Pour autant, l'environnement ne peut être considéré comme un bien collectif pur puisque sa consommation par certains peut détruire le bien ou les qualités qui en faisaient l'attrait (Diemer A., 2004). Les règles de gestion et d'allocation des ressources rares habituellement définies par l'économie politique et l'économie du bien-être sont ici difficilement applicables.

L'approche néoclassique de l'économie de l'environnement s'est donc donné pour tâche de découvrir ces règles de gestion adéquates et de remédier à tous ces problèmes de mauvaise allocation des ressources (défaillances du marché). Ces procédures amènent à se pencher sur la question de l'appropriation de l'environnement et sur celle de son évaluation économique.

##### ✚ *Les effets externes et leur internalisation*

L'économie de l'environnement s'est développée sur la base d'un concept économique de référence, celui d'effet externe. C'est en termes d'externalité que s'interprète la nuisance engendrée par la pollution, ou plus généralement par la dégradation du capital naturel. La perte de bien-être qui en résulte est assimilée par la théorie économique à une perte d'utilité ou de satisfaction pour les agents économiques. Une externalité est une interférence positive ou négative entre les fonctions d'offre et de demande des agents économiques sans qu'il y ait de compensation monétaire pour les dommages encourus ou pour les bénéfices occasionnés par cette interférence. Conformément à la logique microéconomique, le cas d'école généralement choisi par la théorie néoclassique pour mettre en scène les problèmes d'environnement est celui d'une firme pour toute personne qui utilise un cours d'eau comme vecteur de ses rejets polluants, rendant ainsi impossibles d'autres usages de l'eau pour une entreprise B située en aval de la première (blanchisserie et pisciculture). Ainsi l'activité de production de la firme A a des conséquences dommageables pour l'activité de l'entreprise B (pertes de compétitivité, coûts supplémentaires), et il n'y a pas pour autant versement d'une quelconque compensation financière de la première à la seconde.

C'est en raison de ce caractère extérieur à l'échange marchand que ces phénomènes d'interdépendance involontaire entre activités de différents agents économiques qui ne sont pas couverts par des coûts ni par des revenus sont appelés effets externes ou externalités. L'effet externe est révélateur d'une sorte de paradoxe de la concurrence, puisqu'il montre que, dans certaines conditions, si elle est laissée à elle-même, la concurrence peut conduire à mettre à mal, voire à éliminer complètement la concurrence. Si l'existence d'externalités met en évidence certains effets pervers de la concurrence, il importe donc de définir avec précision les conditions dans lesquelles la concurrence pourra être dite parfaite. Les effets externes sont ainsi analysés comme des défaillances par rapport au cadre de la concurrence parfaite tel qu'il est défini par la théorie néoclassique. Par les gains ou les coûts supplémentaires imprévus qu'ils apportent, les effets externes faussent les calculs d'optimisation des agents économiques rationnels et sont source de mauvaise allocation des ressources limitées dont dispose une économie (ce qui ne permet pas d'atteindre un état jugé optimal au sens de PARETO).

Ainsi aux yeux des théoriciens, les problèmes d'environnement n'apparaissent que comme des cas particuliers d'externalités parmi d'autres. Ces effets externes qui concernent l'environnement peuvent être positifs, mais en général on associera plutôt environnement et effet externe négatif (fumée d'usine, nuisance des transports, pollution des eaux, etc.). Parmi l'ensemble des externalités négatives, plusieurs distinctions peuvent être opérées selon leur source ou leur influence sur l'économie. On distingue ainsi les externalités de consommation, provoquées par la consommation de certains biens (tabac, bruit, déchets polluants, etc.) et les externalités de production, provoquées par l'activité productive des entreprises (émission de gaz polluants comme le soufre, pollution par les nitrates des sols et des cours d'eau, etc.). Lorsque la source productrice de l'externalité n'est pas identifiable, ce qui est le cas de nombreuses situations de pollution globale, l'externalité est dite diffuse. Enfin dans certains cas, un agent qui subit une externalité peut la faire peser sur d'autres agents (les déchets peuvent être transférés d'un pays à l'autre), l'externalité est dite transférable. On peut enfin distinguer les externalités statiques des externalités dynamiques. Les premières ont un effet réversible sur le bien-être des agents et peuvent être traitées par des accords entre agents économiques contemporains, tandis que les secondes ont des effets persistants sur l'économie et ne peuvent être compensées par les mêmes méthodes (émissions de gaz à effet de serre).

L'enjeu théorique va consister à faire entrer à l'intérieur de la configuration marchande idéale ce qui, au départ, lui est extérieur et rétablir ainsi des possibilités d'une régulation marchande.

Un effet externe est source de non-optimalité dans l'allocation optimale des ressources disponibles pour l'économie étant donné qu'il se caractérise par une absence de signal/prix susceptible d'être intégrée dans les calculs économiques des agents qui en pâtissent ou en profitent. Michel Callon (1999) va dans le même sens en proposant un cadrage marchand à travers l'élaboration de signaux de prix relatifs à l'environnement, lesquels vont permettre aux agents économiques de confronter leurs préférences ou de négocier autour du bien-être que leur apporte l'environnement. Il y a différentes façons envisagées pour produire ces signaux/prix. En effet, afin de répondre au problème des externalités et donc aux défaillances du marché, les économistes de l'environnement ont opposé deux philosophies d'intervention. La première est l'approche réglementaire ou de type administratif qui recouvre toutes les interdictions et demandes d'autorisations légales ; les normes qu'elles soient de qualité, d'émission d'effluents, de procédés techniques à adopter ou les produits à fabriquer.

La seconde est l'approche économique qui consiste à utiliser les mécanismes du marché en modifiant un prix relatif et en provoquant un transfert financier. Les instruments économiques s'appuient sur les mécanismes du marché pour encourager producteurs et consommateurs à limiter la pollution et à empêcher la dégradation des ressources naturelles. Leur logique est simple : il s'agit d'élever le coût des comportements polluants tout en laissant aux producteurs ou aux consommateurs toute flexibilité pour trouver eux-mêmes les stratégies de contrôle de la production à moindre coût. Les instruments économiques sont généralement classés en quatre catégories : régulation par les prix (taxes ou subventions) ; régulation par les quantités (permis d'émission négociables) ; établissement de règles de responsabilité (système de consignation, dépôts de garantie remboursables, pénalités de non-conformité) ; aides financières.

- **Les interdictions et demandes d'autorisation légales**

Les interdictions et les demandes d'autorisation sont utilisées par l'autorité publique afin de restreindre l'accès de certains produits au marché dans une optique de protection de l'environnement et de santé publique (fameux principe de précaution). Cette philosophie repose en grande partie sur des décrets, des lois ou des directives européennes.

- **La réglementation**

Un moyen simple de s'assurer que le niveau optimal de pollution est atteint par les agents consiste à leur imposer des normes qui peuvent être de différentes natures.

La norme d'émission consiste en un plafond maximal d'émissions qui ne doit pas être dépassé sous peine de sanctions administratives, pénales ou financières (émissions de dioxyde de soufre dans l'atmosphère ou le bruit produit par les véhicules à moteur, etc.). Dans la mesure où les agents pollueurs ont économiquement intérêt à polluer (ils subissent un coût de dépollution), la norme assure qu'ils choisiront toujours exactement le niveau maximal de pollution autorisé, ni plus ni moins. Si la norme est correctement spécifiée, l'objectif du planificateur est alors atteint. Les normes de procédé imposent aux agents l'usage de certains équipements dépolluants (pots d'échappement catalytiques, station d'épuration, filtres, etc.).

Les normes de qualité spécifient les caractéristiques souhaitables du milieu récepteur des émissions polluantes (taux de nitrates dans l'eau potable, taux d'émission de dioxyde et monoxyde de carbone des véhicules automobiles). Enfin les normes de produit imposent des niveaux donnés limites à certaines caractéristiques des produits (taux de phosphate dans les lessives, teneur en soufre des combustibles, caractère recyclable des emballages, etc.).

Les normes peuvent être choisies selon deux types de critères : environnementaux ou économiques. Dans le premier cas, elles obéissent le plus souvent à des objectifs de protection de la santé et se traduisent alors par la fixation de concentrations ou de doses maximales de polluants tolérables pour la santé. Dans le second cas, la fixation de la norme devrait permettre d'atteindre le niveau de pollution optimale précédemment défini : l'évaluation correcte par les autorités des dommages subis par les victimes de la pollution se révèle alors cruciale.

L'inconvénient des normes le plus souvent invoqué est leur incapacité, si elles sont fixées à un niveau optimal, à inciter les agents à augmenter leur effort de dépollution.

- **Les taxes et redevances**

C'est A.C Pigou (1920) qui a le premier proposé de mettre en place une taxe pour internaliser les externalités négatives. L'économie du bien-être, conçut par Pigou est une interrogation sur les liens existants entre la recherche de l'intérêt individuel et la recherche de l'intérêt collectif. Du fait de l'interdépendance non compensée entre les agents, Pigou voit que l'utilité collective ne peut être appréciée en faisant la somme des utilités individuelles. Plus précisément selon Pigou, la présence d'effets externes négatifs pose le problème de la désadéquation entre les coûts privés et le coût collectif (coût social) des activités économiques. En reprenant l'exemple de la firme A qui utilise l'eau d'une rivière pour y rejeter ses effluents, on voit que celle-ci se conduit comme si elle utilisait un facteur de production sans le payer. Son coût de production (qui est un coût privé) est dès lors inférieur à ce qu'il devrait être et diffère du coût social de son activité, du coût qu'elle inflige à l'ensemble de la collectivité. Une telle situation est contraire à la théorie économique pour laquelle le coût social de l'activité doit être couvert par l'ensemble des dépenses qu'elle engage. Au-delà du problème de la non-optimalité des arbitrages des agents économiques qu'ils posent, Pigou souligne que l'existence des effets externes pose aussi un problème de justice sociale puisque certains agents ne sont pas rémunérés en fonction de leur contribution exacte à la richesse collective. La solution préconisée par Pigou consiste à répondre à ces deux problèmes avec l'aide d'une intervention de l'État.

**La taxe pigouvienne** : pour que le calcul économique privé de l'entreprise A reflète le véritable coût social de son activité, il faut que celle-ci y comptabilise l'usage de la ressource environnementale. Il faut qu'elle internalise l'effet externe. Cela n'est possible que si on lui envoie un signal/prix reflétant la perte de valeur de l'environnement qu'elle inflige à l'ensemble de la collectivité. C'est selon Pigou, l'État, qui va jouer ce rôle de donneur de prix en imposant une taxe (dite pigouvienne) au pollueur, égale au dommage social marginal causé par son activité polluante. C'est le principe du pollueur-payeur : l'entreprise polluante est alors correctement informée sur les véritables coûts sociaux de son activité. On remarquera que cette procédure d'internalisation des externalités ne requiert pas le choix préalable d'un objectif de qualité environnementale. Le niveau de pollution jugé optimal par la collectivité (montant de la taxe qui permet d'atteindre celui-ci) découle d'une analyse coûts-avantages et se trouve déterminé par l'intersection des courbes de coût social marginal et de profit marginal. La procédure d'internalisation pigouvienne n'est pas toujours facile à mettre en œuvre.

À la suite des travaux de Pigou, les économistes de l'environnement furent amenés à distinguer plusieurs types de taxes (Barde, Smith, 1997). Les redevances ou les taxes sur les émissions frappent directement la quantité ou la qualité des polluants rejetés. On y recourt dans la plupart des pays de l'OCDE (Organisation pour la Coopération et le Développement Économique), mais à des degrés divers, pour faire face à des problèmes d'environnement, tels que la pollution de l'air (en France, des redevances ont été instaurées sur les émissions d'oxydes de soufre, en Suède, elles visent les émissions d'oxyde d'azote), de l'eau (systèmes de gestion de l'eau en France, en Allemagne, et aux Pays-Bas), du bruit (redevances sur le bruit des aéronefs) ou des rejets de déchets (elles ne visent cependant que les déchets industriels).

Les redevances d'utilisation couvrent le coût des services de collecte et de traitement et elles sont souvent utilisées par les collectivités locales pour la collecte et le traitement des déchets solides et des eaux usées.

Leur principal objectif est de dégager des recettes. Les redevances ou les taxes sur les produits visent les produits polluants au stade de leur fabrication, de leur consommation ou de leur élimination. Ce sont par exemple les taxes sur les engrais, les pesticides et les piles, les principales étant les écotaxes sur l'énergie (taxes sur la teneur en carbone et en soufre des carburants et combustibles). Ces taxes ont pour objet de modifier les prix relatifs des produits ou de financer des systèmes de collecte et de traitement.

➢ **Les permis négociables**

L'internalisation des effets externes nécessite souvent l'intervention publique. Cette intervention peut cependant prendre des formes diverses, certaines se limitent à des fonctions régaliennes classiques, d'autres au contraire s'étendent à une fonction d'action économique plus volontariste.

L'absence de marché pour des biens comme l'air, l'eau, conduit à une allocation imparfaite des ressources particulièrement des ressources naturelles, mais aussi des facteurs de production polluants. L'une des solutions pour traiter ce problème, consiste à définir un marché là où il n'en existe pas a priori, et à laisser jouer les mécanismes de la concurrence pour internaliser les externalités visées. Il suffirait à la base de définir des droits de propriété ou des droits d'usage lorsqu'ils font défaut (biens libres) pour rétablir le bon fonctionnement de l'économie, sans que l'État s'implique davantage. La coordination des comportements des agents économiques (ménages, entreprises) est alors assurée soit par la négociation directe, soit par l'émergence d'un signal de prix (un prix de pollution, un prix du permis de pollution, etc.) qui résulte de la confrontation des préférences individuelles et collectives. Il existe donc une filiation entre les modes d'internalisation négociée comme R.H Coase (1960) a pu les proposer et ce que l'on appelle aujourd'hui les systèmes de permis d'émission négociables (désignés également sous le terme de marchés de droits à polluer ou marché des droits de pollution).

Reconsidérant l'analyse de Pigou, Coase (1960) va contester l'optimalité sociale de la procédure d'internalisation des externalités qui fait appel à un système de taxation et d'intervention de l'État. Coase met l'accent sur le caractère réciproque attaché à l'existence de toute pollution : d'un côté, celle-ci pose problème à l'agent économique qui en est victime, d'un autre côté, la réduction de la pollution nécessite de diminuer le niveau de la production polluante et contraint l'auteur de la pollution. Cela étant posé, Coase souligne que l'intérêt de l'ensemble des individus doit être pris en compte, et non pas seulement celui des victimes de l'externalité. Dès lors poursuit Coase, il n'est pas pertinent de s'interroger comme le fait Pigou en termes de différence entre le coût privé et le coût social. Le critère pertinent pour apprécier la solution à apporter à un effet externe réside dans la maximisation de la valeur du produit collectif. De ce point de vue, taxer le pollueur (taxe pigouvienne) causera dans certains cas, une perte collective supérieure au dommage social subi par les victimes de la pollution.

**Le théorème de Coase** : En l'absence de coûts de transaction (coordination des activités des firmes), Coase montre qu'il y a intérêt économique à ce qu'une négociation s'instaure directement entre pollueurs et victimes jusqu'à ce que survienne une entente spontanée sur le niveau de pollution acceptable. Cette procédure s'ordonnera suivant l'obligation ou non de dédommagement de la pollution, autrement dit, suivant la règle juridique en vigueur qui attribue les droits de propriété sur la ressource considérée.

**La théorie des droits de propriété** : dans la solution préconisée par Coase, l'attribution des droits de propriété n'importe que dans la mesure où elle est un préalable au démarrage de la négociation entre les deux parties concernées. On peut en effet remarquer que l'on ne peut échanger que ce que l'on possède, que les achats et les ventes effectués ne portent que sur ces droits de propriété. Cette dernière proposition revient à dire et c'est le point central de la théorie des droits de propriété que plus que les biens eux-mêmes, ce sont les droits de propriété portant sur ces biens qui s'échangent. Dès lors, si les droits de propriété étaient clairement spécifiés et parfaitement exclusifs, tous les avantages et tous les dommages résultant d'une activité concerneraient celui-là seul qui la met en œuvre. Il n'y aurait plus aucun effet externe.

Aux yeux des tenants de la théorie des droits de propriété, le problème de la pollution n'est pas un problème de défaillance du marché, mais un problème lié au cadre légal sur lequel il s'appuie. Le seul rôle de l'État consiste à spécifier correctement ces droits de propriété. Autre implication de cette théorie des droits de propriété, les facteurs de production (capital, travail) doivent être considérés non comme des ressources physiques, mais comme des droits d'usage sur ces ressources. Les effets externes peuvent alors être définis comme des autorisations à se nuire, comme des droits de faire quelque chose qui a des effets nuisibles. La logique de la théorie des droits de propriété conduit alors à ce que les externalités, conçues comme des droits d'usage sur les ressources, fassent l'objet d'un échange marchand. John Dales (1968) imagina la création de marchés où s'effectuent l'achat et la vente de permis ou de droits à polluer.

**L'existence de coûts de transaction et des institutions**. Dans la deuxième partie de son article, Coase souligne que l'absence de coûts de transaction, condition essentielle à l'existence du théorème est une hypothèse irréaliste. Coase s'est ainsi attaché à montrer que l'utilisation du système des prix par les agents économiques comporte des coûts de transaction tels que les coûts de recherche dans la comparaison des prix, des coûts de négociations, des coûts de rédaction, conclusion et contrôle des contrats. Afin de les éviter, il peut être plus rentable de traiter certaines opérations en dehors du marché. Ainsi, il faut considérer les organisations (firmes ou institutions) comme un mode de régulation alternatif au marché. Le choix du mode d'organisation sociale adapté au traitement de la pollution doit se faire en comparant les coûts de transaction, coûts d'organisation interne des firmes et des mesures gouvernementales.

Les travaux de Coase ont été réutilisés dans les années 80 afin de mettre en place un système de permis d'émissions négociables. Les permis négociables offrent aux pollueurs une souplesse accrue pour répartir leurs efforts de lutte contre la pollution entre différentes sources, tout en permettant aux pouvoirs publics de maintenir un plafond fixe d'émissions polluantes. L'augmentation des émissions d'une source doit être compensée par la réduction d'une quantité au moins équivalente d'émissions provenant d'autres sources. Si par exemple, un plafond réglementaire de pollution est fixé pour une zone donnée, une entreprise polluante ne peut s'y installer ou y étendre son activité qu'à condition de ne pas accroître la charge de pollution totale. Il faut donc que l'entreprise achète des droits à polluer ou permis de polluer à d'autres entreprises situées dans la même zone réglementée, celles-ci étant alors tenues de réduire leurs émissions dans des proportions équivalentes (c'est ce que l'on appelle aussi les échanges de droits d'émissions). Cette stratégie a un double objectif : d'une part, mettre en œuvre des solutions peu coûteuses (en encourageant les entreprises, pour lesquelles la réduction des émissions serait très coûteuse, à acheter des droits de polluer à d'autres entreprises pour lesquelles la réduction le serait moins) ; d'autre part, concilier développement économique et protection de l'environnement en permettant à de nouvelles activités de s'implanter dans une zone réglementée sans accroître la quantité totale d'émissions dans cette zone.

➢ **Les systèmes de consignation**

Ces systèmes sont largement appliqués dans les pays de l'OCDE, en particulier pour les récipients de boissons. Une certaine somme d'argent (une consigne) est versée lors de l'achat d'un produit contenu dans un certain type d'emballage. Elle est remboursée lorsque l'emballage est rapporté au détaillant ou à un centre de traitement.

➢ **Les aides financières et les subventions**

Les aides financières constituent également un instrument économique important qui est utilisé dans de nombreux pays de l'OCDE quoique dans des proportions limitées. Parmi les principales formes d'aides figurent les subventions, les prêts à taux réduits et les amortissements accélérés.

Plusieurs études ont simulé les incidences des politiques utilisant des instruments économiques pour la réduction de la pollution de l'air dans différentes régions des États-Unis. Certaines d'entre elles ont révélé qu'en moyenne, le coût de réalisation d'un objectif environnemental donné est six fois plus élevé si l'on utilise des instruments de minimisation des coûts tels que les taxes sur les émissions et les permis négociables (Tietenberg, 1990). Par conséquent les instruments économiques devraient apporter des réductions considérables de coûts.

***La valorisation économique de l'environnement***

Nous avons souligné précédemment que la détermination de la politique optimale de l'environnement nécessitait de pouvoir chiffrer monétairement les coûts et les dommages associés à cette externalité.

La recherche de l'optimum est une tâche difficile, et la pratique consiste à adopter des objectifs plus modestes qui nécessitent néanmoins de telles estimations monétaires. Protéger l'environnement, fixer le montant de la réparation des dommages, déterminer le niveau d'une norme, d'une taxe ou d'un quota de permis d'émission suppose d'avoir au préalable chiffré des dommages. C'est le principe de l'analyse coûts-avantages. Or le problème essentiel rencontré dans l'analyse coûts-avantages réside dans la difficulté qu'il y a à évaluer des valeurs par définition non observables, non exprimées du fait de l'inexistence de droits de propriété définis et de l'absence de marché sur lequel s'échangeraient les services des actifs naturels. Pour évaluer des dommages environnementaux, faut-il évaluer le coût de remise en état du milieu (principe pollueur-payeur), le coût d'évitement du dégât (prévention, mise en conformité) ou la perte de surplus des consommateurs (coût des dommages) ? Dans ce dernier cas, il s'agit d'évaluer la valeur subjective (l'utilité) qu'un individu retire d'une modification particulière de son environnement. C'est l'optique qui est le plus souvent adoptée parce qu'elle permet de ne négliger a priori aucune des composantes de la valeur accordée par l'ensemble de la société aux dommages. Comme cela a déjà été dit précédemment, les actifs environnementaux ou les services proposés par ces actifs n'ont pas de valeur affichée, résultant de transactions économiques. Pourtant ces actifs ont une valeur de nature hétérogène et difficile à mesurer (Cléroux, Motte, Salles, 1996).

Depuis la publication de l'ouvrage de Pearce et Turner (1990), la notion de « valeur économique totale » s'est largement répandue. Elle propose de regrouper pour un actif dans une situation définie, ses valeurs d'usage réel, direct et indirect, potentiel et de non-usage. Pour illustrer les différents types de valeurs, nous reprendrons l'exemple des forêts de K. Kristöm (2001). Une forêt est tout d'abord un actif dont l'exploitation fournit des produits pour lesquels existent des marchés. Parmi les produits classiques, on peut citer le bois de construction, le bois de chauffage, la pâte à papier, le caoutchouc naturel. D'autres produits moins classiques confèrent une valeur supplémentaire à la forêt : ce sont les produits médicinaux qui en sont tirés, comme la quinine, l'acide salicylique extrait des feuilles et de l'écorce de saule, ou les alcaloïdes anticancéreux utilisés dans le traitement des leucémies infantiles qui sont extraits d'une pervenche rose de Madagascar. En raison de ces utilisations possibles, la forêt a ainsi une valeur d'usage. Comme beaucoup d'autres actifs environnementaux, sa valeur d'usage est augmentée du fait qu'elle offre également des possibilités d'usages récréatifs, comme la promenade, la chasse, la pêche.

La théorie néoclassique considère qu'une chose n'a de la valeur que par l'utilité qu'elle a aux yeux de celui qui l'examine. Vouloir apprécier la valeur économique totale de l'environnement oblige donc à cerner toute l'utilité, c'est-à-dire tous les avantages qu'il peut offrir aux agents économiques. Parmi ceux-ci les auteurs néoclassiques distinguent les avantages attachés à l'usage de l'environnement et les avantages intrinsèques. Les premiers mesurés par la valeur d'usage totale sont constitués des bénéfices procurés par la consommation (pêche, chasse) et la non-consommation (observation de la faune et de la flore) de l'environnement. Cette valeur d'usage prise en compte par l'individu peut l'être pour lui-même, pour l'usage des autres individus qui composent la société ou pour celui des générations à venir. On parlera dans les deux derniers cas de valeur altruiste ou de valeur de legs. À cette première composante, il faut ajouter les composantes liées aux caractéristiques d'incertitude et d'irréversibilité que revêtent les décisions en matière d'environnement. La valeur attribuée au milieu naturel représente les avantages intrinsèques. On reconnaît là que la faune et la flore peuvent avoir une valeur en soi, ce que John Krutilla (1967) appellera la valeur d'existence. Un tel concept laisse entrevoir un point de rencontre entre les économistes et les écologistes puisqu'il touche à la dimension éthique de l'environnement. Claude Henry (1990) propose ainsi d'adjoindre aux critères d'efficience économique un principe de copropriété de l'environnement reconnaissant l'égalité du droit des générations présentes et futures à l'existence du milieu naturel.

Plus une chose est utile, plus elle a de valeur aux yeux de l'économiste néoclassique. Mais l'utilité des choses est liée à la quantité de celles-ci dont on peut disposer. Plus un bien est rare, plus on peut supposer qu'il apportera d'utilité à un individu et plus celui-ci consentira à payer plus cher pour l'acquérir. Si les quantités disponibles de ce bien augmentent, l'utilité apportée par chaque nouvelle unité de ce bien sera moins importante (utilité marginale décroissante) et notre individu dépensera moins d'argent pour acquérir ce bien devenu courant. Ce consentement à payer pour acquérir des biens et des services donne ainsi un indicateur monétaire des préférences des agents et une mesure économique du bien-être des individus.

Mais si les hypothèses de concurrence parfaite sont respectées, le prix du bien considéré est le même pour tous. Parmi tous les acheteurs, il est cependant probable que certains étaient prêts à payer beaucoup plus cher que le prix qu'ils ont effectivement acquitté. Ceux-là retirent de cet échange un plus grand avantage que celui indiqué par la somme d'argent qu'ils ont consenti à verser. Cette différence entre le prix susceptible d'être payé et le prix effectivement payé est appelée surplus du consommateur. Le bien-être total qu'une communauté retire de la consommation d'un bien ou d'un service est donc constitué par le montant de la dépense à laquelle elle a consenti pour acquérir ce bien ou jouir de ce service auquel il faut ajouter le surplus de l'ensemble des individus.

Le problème de l'évaluation économique de l'environnement oblige ainsi à évaluer concrètement les variations de ce surplus. Les techniques d'évaluation économique qui visent à obliger les individus à révéler leurs préférences peuvent être classées en deux groupes : les procédures d'évaluation directes et indirectes.

- **Les méthodes d'évaluation directes**

Ces méthodes consistent à trouver un marché de substitution, à savoir une dépense consentie par les agents économiques qui est censée être l'expression de leurs comportements rationnels et de la valeur qu'ils attribuent à l'environnement. La méthode des coûts de transport fut suggérée par Hotelling (1947). La demande des ménages en matière de qualité environnementale est appréhendée par le biais de leurs dépenses de transport engagées pour bénéficier des qualités récréatives (chasse, pêche, baignade, promenade, etc.) de certains sites. La méthode des prix implicites ou hédonistes part du principe que le prix de certains biens ne reflète pas seulement l'utilité attachée à leurs caractéristiques matérielles intrinsèques, mais tient aussi compte de leurs qualités environnementales. Ridker et Hennings (1967) considèrent le marché de l'immobilier comme un marché de substitution pour certaines pollutions atmosphériques ou sonores. Depuis les travaux de Rosen (1974), d'autres études ont porté sur le marché du travail. Elles postulent que les salaires en termes réels varient également en fonction de caractéristiques des lieux de travail et de résidence. La mesure des dépenses effectuées par les ménages pour se protéger contre certaines nuisances (travaux d'isolation) apparaît également comme une expression de leur consentement à payer pour un environnement de meilleure qualité. La méthode des évaluations contingentes tente de créer un marché expérimental afin de procéder à une évaluation directe des préférences des individus au moyen d'un questionnaire. Il s'agira alors de mettre l'agent concerné dans une situation hypothétique la plus concrète possible en termes de paiement (impôt) et de perception du dommage (bande sonore…) et de lui poser directement une question du type : combien êtes-vous prêt à payer pour éviter tel dommage à l'environnement ?

- **Les méthodes d'évaluation indirecte**

Elles sont généralement employées lorsqu'il y a des raisons de penser que les individus concernés ne sont pas conscients des effets qu'entraîne la pollution. Il s'agit d'étudier les relations physiques entre des doses de pollution et des effets dommageables pour la santé et les écosystèmes. On s'efforcera ainsi d'évaluer le nombre de décès imputables à la pollution atmosphérique.

Le Sommet de Johannesburg (2002) a été l'occasion de rappeler l'importance de l'enjeu environnemental pour les entreprises. Celles-ci doivent en effet rendre compte des effets de leur production sur l'environnement naturel. Les informations concernant l'environnement sont fournies par la comptabilité environnementale privée et par la comptabilité nationale environnementale. Par comptabilité environnementale privée, il faut entendre un système d'information efficient sur le degré de raréfaction des éléments naturels engendré par l'activité d'entreprises, utilisable pour réduire cette raréfaction et pour informer les tiers.

Pour faire de la comptabilité environnementale, il faut utiliser des principes comptables tels que ceux de prudence ou de permanence des méthodes. Comptabiliser des coûts environnementaux consiste à recenser les coûts environnementaux déjà envisagés ou à envisager compte tenu de la législation en vigueur. Comme en comptabilité de gestion, on analyse tous les entrants et les sortants au cours du processus de production.

D'où la recherche d'une valorisation monétaire des biens environnementaux qui conduit au calcul d'un « PIB vert ». Ce PIB vert prend en compte des indicateurs comme la qualité des eaux, la protection de la nature, les émissions de gaz carbonique, etc. La comptabilité environnementale répond à trois principes fondamentaux (JP Decaestecker et G. Rotillon, 1993). Elle consiste à mieux évaluer :

- ✓ la richesse nationale en prenant en compte les variations du stock d'actifs naturels (par exemple la forêt).
- ✓ La production : les dépenses de lutte contre la pollution ne devraient pas être incluses dans le PNB par exemple, car la pollution n'y est pas prise en compte négativement.
- ✓ L'amortissement : l'extraction de ressources naturelles, ordinairement comptée comme un revenu, doit réduire le stock de capital naturel.

C'est ainsi que REPETO R. (1987) présente ces différents comptes de la manière suivante :

| Emplois | PIB classique | Ressources |
|---|---|---|
| - Consommation finale | | - Sommes des valeurs ajoutées |
| - Formation brute du capital fixe | | - T.V.A |
| - Variations des stocks | | - Droits de Douane |
| - Exportation | | - Importation |

| Emplois | PIB ajusté à l'environnement | Ressources |
|---|---|---|
| - Dépenses de protection des ménages et de l'Etat contre la pollution de l'environnement | | - PIB classique |
| - Solde : PIB ajusté | | |

| Emplois | PIB Durable | Ressources |
|---|---|---|
| - Coûts des dommages sur l'environnement | | - PIB ajusté |
| - Solde : PIB durable | | |

| Emplois | PIB Durable net | Ressources |
|---|---|---|
| - Consommation du capital fixe artificiel | | |
| - Consommation de capital naturel | | - PIB Durable |
| - Solde : PIB durable net | | |

| Emplois | PIB Ecologique | Ressources |
|---|---|---|
| - Déplétion des ressources naturelles | | |

Mais on recense uniquement ce qui concerne l'environnement, à savoir les rejets de polluants dans l'air et dans l'eau ; la pollution des sols ; les déchets et la consommation d'énergie. Par rapport à la comptabilité analytique, l'information fournie par ce type de comptabilité est à la fois plus réduite, puisqu'elle ne donne généralement que des informations en quantité (pas de valorisation), mais aussi plus larges puisqu'on s'intéresse au produit (c'est-à-dire que l'on retient une période de vie qui comprend sa production, mais aussi sa consommation, et sa post-consommation). Les rapports de développement durable, encore appelés rapports environnement, ont pour objet d'informer les tiers sur les progrès réalisés par l'entreprise en matière de protection de l'environnement, mais aussi ses échecs éventuels et ses projets. Ils comprennent des tableaux statistiques reprenant des informations environnementales, en unités physiques ou en unités monétaires. La spécificité de la comptabilité environnementale vient de son champ d'application, l'environnement naturel. En effet, en comptabilité environnementale, pour quantifier et évaluer, on va rencontrer les écueils suivants :

- ✓ Il est souvent difficile d'être exhaustif en matière de polluants ;
- ✓ Certains biens naturels actuellement consommés sont gratuits, en l'absence de marché, il est difficile d'évaluer le coût de leur consommation ;
- ✓ L'évaluation de certaines dégradations de l'environnement suppose que l'on soit capable de calculer et d'actualiser certaines dépenses à très long terme, soit parce qu'elles ne seront engagées qu'une fois le processus de production terminé (reconstitution d'un site après fermeture d'une carrière), soit parce que les effets de cette dégradation vont s'étaler sur une longue période (déchets radioactifs).

L'intégration d'éléments relatifs à l'environnement dans la comptabilité nationale doit en priorité fournir des éléments permettant à la puissance publique de prendre des décisions. Dans certains pays, on notera la création de tableaux entrées-sorties (tableaux de Leontief) portant sur les émissions de polluants et le développement de systèmes de comptabilité nationale caractérisés par la juxtaposition de données monétaires et physiques (Suisse, Pays-Bas). Ces systèmes de comptabilité nationale ont donné naissance au concept de « valeur ajoutée négative ». Calculer une valeur ajoutée négative, c'est donner une valeur à la consommation gratuite du patrimoine naturel (on le considérait jusqu'à présent comme gratuit, car abondant alors qu'il se raréfie) et retrancher cette consommation de la valeur ajoutée produite. Pour certains, le développement prévu d'un marché des permis d'émission va donner naissance à des situations juridiques particulières qu'il conviendra de traduire en comptabilité.

Les questions soulevées sont les suivantes : un droit octroyé, même gratuitement, doit-il faire l'objet d'une comptabilisation dès lors que son utilisation est réglementée et qu'il est négociable ? Comment comptabiliser la négociation de ces droits du côté tant de l'acheteur que du vendeur ?

N'oublions pas l'aspect fiscal qui n'est pas négligeable. En effet, une entreprise fera l'acquisition de permis dans l'intention de s'éviter, au moins temporairement, des investissements. La plus ou moins grande économie d'impôt engendrée par les achats de permis rendra leur négociation plus ou moins attractive.

#### 2.2.3.2. L'économie des ressources naturelles

L'économie des ressources naturelles est l'autre élément de la réponse de la théorie néoclassique à la question de l'environnement. Ce dernier apparaît alors comme un stock de ressources qui peuvent être renouvelables ou non, qu'il faut gérer de façon optimale à travers le temps. Il s'agit là d'une problématique économique d'allocation temporelle des ressources dont les fondements furent posés par Hotelling (1931).

Les biens qui sont stockables, mais non reproductibles, sont qualifiés de « ressources épuisables » (exemple du charbon, pétrole, gaz, minerais…). L'impossibilité de reproduire ces biens (excepté lors d'une découverte de nouveaux gisements) amène deux remarques : d'une part les stocks (plus précisément les réserves) sont considérés comme donnés, d'autre part, il existerait un lien étroit entre le taux d'extraction et les ventes de ressources naturelles. En effet, si le taux d'extraction peut être assimilé aux ventes, comme la substitution de productions est impossible, l'entreprise chargée d'exploiter une mine de charbon ou un puits de pétrole pourra chercher soit à accélérer l'extraction (c'est-à-dire substituer des ventes présentes à des ventes futures), soit à la ralentir (substituer des ventes futures à des ventes présentes). Une entreprise serait ainsi capable d'influencer le prix des ressources naturelles en faisant varier ses ventes via le taux d'extraction. La relation prix-taux d'extraction d'une ressource naturelle a été introduite par Hotelling grâce à un parallèle entre la sauvegarde de l'héritage intergénérationnel et l'influence des monopoles.

Dans un premier temps, Hotelling s'attaque à la philosophie du mouvement conservationniste américain qui prônait un ralentissement, voire un arrêt de l'extraction des ressources naturelles au moyen d'une augmentation de leurs prix y compris par le biais de taxes imposées par l'État. Ce mouvement remettait en cause le productivisme et le consumérisme de la société américaine, et entendait défendre d'autres valeurs. Il appelle au développement d'une éthique environnementale. Les conservationnistes soulignent la spécificité des ressources naturelles qui réside, selon eux, dans le fait qu'elles sont essentielles à la société industrielle, épuisables et très difficiles à remplacer de manière satisfaisante. Les habituels critères économiques (prix, procédure de maximisation de la valeur présente) ne seraient pas capables de répondre de manière satisfaisante aux exigences des ressources naturelles. Dans un second temps, Hotelling s'attaque aux situations de monopoles afin de montrer la supériorité en matière de gestion des ressources naturelles de la concurrence réputée pure et parfaite.

Pour répondre à ce double objectif, Hotelling va bâtir une théorie de l'entreprise minière exploitant une ressource non renouvelable, en reprenant les outils et les éléments de la théorie microéconomique du producteur. La ressource apparaît pour le propriétaire de la mine comme un stock de biens qui diminue au fur et à mesure de son extraction. Gérer de façon optimale ce stock revient à déterminer quel flux de ressources lui apportera le plus de revenus sur l'ensemble de la période d'exploitation de la mine. Le propriétaire de la mine est à la recherche du profit maximal qu'il calcule en comparant ses recettes et ses coûts. Hotelling part du principe que les propriétaires d'une ressource naturelle souhaitent toujours maximiser la valeur actuelle de leurs profits futurs. Dès lors, comme le souligne Hotelling, le prix net évoluera en fonction des variations du taux d'intérêt, dont les déterminants sont indépendants du produit en question, de l'industrie concernée, et des variations de la production de la mine. De là, la rente de l'entreprise devrait augmenter avec le taux d'intérêt (en d'autres termes, la valeur actuelle du prix net est une fonction croissante du taux d'intérêt). Ainsi la condition d'équilibre, baptisée, règle de Hotelling, stipule que le prix de la ressource naturelle et donc la rente qui lui est attachée doit croître à un taux égal à celui du taux d'actualisation (taux d'intérêt).

Dans le cas du monopole, Hotelling avance qu'une entreprise peut influencer le prix en faisant varier son taux d'extraction (c'est-à-dire ses ventes). Cette dernière cherchera à maximiser la valeur présente de ses profits futurs. Au total, la démonstration est faite qu'à un rythme optimal d'évolution du prix d'une ressource naturelle est associé un sentier optimal d'épuisement de cette ressource. La ressource naturelle est assimilée à un capital. L'exploration visant à la découverte d'un nouveau gisement apparaît comme un simple investissement. Cependant comme le faisait remarquer Scott Gordon (1954), un problème de gestion demeure lorsque l'accès à la ressource naturelle est libre. En effet l'arbitrage de l'entreprise qui désire exploiter une ressource naturelle libre (banc de poissons) ne consiste pas à choisir entre consommer maintenant ou consommer demain, mais, puisque tout ce qui n'est pas pêché aujourd'hui par elle, peut l'être par une autre entreprise, son choix réside entre consommer aujourd'hui ou ne jamais consommer. La concurrence que se livrent les firmes désireuses d'exploiter la ressource naturelle libre conduit chacune à maximiser son profit du moment. En l'absence d'appropriation, la règle d'Hotelling ne joue plus, il est question de procédure d'actualisation et gestion inter temporelle optimale. Au contraire chaque firme a intérêt à exploiter au plus vite la ressource. Des risques d'épuisement rapide ou d'extinction d'espèces dans les cas de pêcheries (baleines) sont même à craindre.

### 2.2.4. Écologie et économie : Développement Durable

Le développement durable est en quelque sorte l'aboutissement de la démarche de l'économie de l'environnement : il vise à trouver une solution à la fois économiquement et écologiquement viable. Opposées dans les faits, étymologiquement très proches, les relations qu'entretiennent l'économie (la règle ou l'administration de la maison) et l'écologie (le discours ou la science de la maison) sont complexes et ambigües à la fois.

- ✓ Selon Karl Polanyi (1944) et Louis Dumont (1971), l'histoire de la discipline économique est animée par la volonté de quitter les champs du politique et de la morale dans lesquels elle plonge ses racines pour accéder à un domaine et à l'expression d'une logique propre (reconnaissance du bien-fondé de l'enrichissement individuel et collectif, étude d'une institution : le marché). Du côté de l'écologie, celle-ci serait d'abord apparue sous la forme d'un discours scientifique traitant de l'interaction du vivant avec son milieu naturel. Ce ne serait qu'ensuite que l'écologie serait aussi devenue une idéologie (discours philosophique et politique) qui s'opposerait à l'exclusivité de l'ordre et de la rationalité économique, au développement anarchique de la société industrielle et à l'extension du modèle occidental à l'ensemble de la planète ;

- ✓ Selon l'économiste René Passet (1979), l'économie met en œuvre des activités d'appropriation et de transformation de la nature (extraction d'énergie et de matières premières, rejets d'effluents et de déchets). L'acte économique (production, consommation) a nécessairement une dimension écologique ; l'économiste ne peut faire autrement que d'avoir un discours sur la nature. Dans cette optique : une nouvelle théorie « économie écologique » contribuerait à la finition et à la modification du rapport des sociétés occidentales à la nature.

Depuis les années 1990, les questions d'économie et d'écologie sont désormais inextricablement liées dans la définition et la mise en œuvre de ce que l'on désigne aujourd'hui sous le terme « développement durable ». Selon Lester Brown (1992), qui fait écho aux principes opérationnels proposés par Herman Daly (1990), il faut entendre par là un développement « qui reposerait sur une utilisation modérée des ressources non renouvelables, un usage des ressources renouvelables respectant leur capacité de reproduction et une stricte limitation des rejets et déchets à ce qui peut être recyclé par les processus naturels ». Compte tenu de ces contraintes, le développement durable appelle de profonds changements dans nos sociétés, en particulier en ce qui concerne leurs modes de production et de consommation. Dans notre souci d'apporter une dimension théorique au débat, nous présenterons dans un premier temps deux courants de pensée qui ont réfléchi à la question du développement durable[14]. Le premier courant de pensée se

[14] Cette partie renvoie à l'article de Dannequin F., Diemer A., Petit R., Vivien F-D (2000), La nature comme modèle ? Écologie industrielle et développement durable,

range sous la bannière de l'écologie industrielle (Frosch, Gallopoulos 1989 ; Erkman 1998). Le second courant de pensée regroupe un certain nombre d'auteurs, comme Illich (1973, 1975), Gorz (1978, 1988) ou Georgescu-Roegen (1978, 1993), que l'on range dans les rangs de l'écologie politique ou dans ceux de la bioéconomie. Dans un second temps, nous évoquerons le thème du développement durable en le replaçant dans le contexte des différents sommets de la terre (juin 1992 à août 2002). Défini par le rapport Brundtland (1987), le développement durable est « un développement qui répond aux besoins du présent sans compromettre la capacité des générations futures de répondre aux leurs ». D'abord présenté comme une tentative pour concilier croissance et développement économique, il insiste aujourd'hui sur l'existence d'un nouveau modèle de gouvernance générant à la fois des perspectives économiques, sociales et écologiques.

#### 2.2.4.1. Aux origines du développement durable

En insistant sur le fait que le développement durable pouvait trouver ses origines dans deux modèles alternatifs, celui de l'écologie industrielle et celui de l'écologie politique, nous serons amenés : premièrement à présenter les points communs de ces deux approches, pour l'essentiel une ouverture aux enseignements de la science écologique et l'accent mis sur la nécessité de résoudre la crise environnementale ; secondement à étudier leurs divergences, si ces deux courants de pensée travaillent tous deux à la décroissance, les stratégies respectives qu'ils entendent mettre en œuvre sont radicalement différentes.

- ***Les enseignements de l'écologie***

L'écologie politique et l'écologie industrielle présentent un certain nombre de points communs. On peut y observer la même volonté affichée de vouloir changer le cours des choses, de rejeter les modèles analytiques standards dans le domaine économique et, comme l'écrit Erkman (1994), de porter un « regard nouveau » sur les activités économiques. Le recours à d'autres savoirs notamment à la thermodynamique et à la science écologique, et à une démarche pluridisciplinaire y est un autre aspect de cette culture commune aux

---

Cahier du CERAS, « Nature, Culture et Economie », numéro 38, mai, Université de Reims, pp. 63 – 75.

deux démarches. Cela leur permet de mettre l'accent sur les dimensions biophysiques de l'activité économique. C'est à partir de cette grille de lecture qu'elles ont toutes deux la volonté de réduire l'impact écologique des activités économiques.

### ➢ Un point de vue biophysique sur le système économique

Qu'ils se qualifient de « politique » ou d'« industrielle », les deux courants considérés entendent trouver un certain nombre d'enseignements dans l'écologie, cette « science carrefour »[15] qui étudie les rapports et les processus qui rattachent les êtres vivants à leur environnement. Le biologiste et écologiste Barry Commoner (1971) a été l'un des premiers à tenter de vulgariser certaines connaissances de la science écologique pour répondre à la crise de l'environnement qu'il décrivait par ailleurs. Ainsi, dans son ouvrage le plus connu, The Closing Circle, à la suite de la présentation de la biosphère et des grands cycles biogéochimiques qui l'animent, Commoner édicte un certain nombre de principes.

**La première loi de l'écologie** stipule que « Toutes les parties du complexe vital sont interdépendantes ». Les systèmes écologiques sont des systèmes dynamiques qui évoluent grâce à l'interaction de nombreux éléments abiotiques et biotiques qui forment respectivement le biotope et la biocénose, cette dernière étant elle-même formée par un ensemble d'espèces associées en un réseau trophique. Ainsi, nous explique Commoner (1971), en tout système naturel, ce qui est rejeté comme déchet par un organisme est utilisé comme nourriture par un autre organisme. Pour comprendre la logique et les modes de régulation de ces structures complexes, il importe donc de développer une approche en termes de systèmes, qui s'appuie sur des principes cybernétiques, c'est-à-dire des boucles de rétroaction positives ou négatives (voir le rapport Meadows).

**La deuxième loi de l'écologie** enseigne que « la matière circule et se retrouve toujours en quelque lieu ». Il est ici question des cycles

---

[15] Jean-Paul Deléage (1991, p. 297) note que « (…) l'écologie conserve une spécificité qui l'apparente d'ailleurs plus à la géographie qu'à toute autre science : placée au carrefour de savoirs sur la nature comme la biologie et les sciences de la planète, et de sciences humaines comme l'ethnologie ou l'économie, l'écologie est nécessairement polydisciplinaire ».

biogéochimiques et des éléments (carbone, azote, phosphore, soufre, etc.) qui traversent les systèmes écologiques, passant de l'environnement aux organismes vivants et des organismes à l'environnement. La matière et l'énergie ne sont ni créées ni détruites, les êtres vivants ne peuvent que les transformer. Cela veut dire, entre autres, que l'introduction de nouvelles substances dans les écosystèmes aura nécessairement des conséquences sur l'organisation de ceux-ci, lesquelles sont rarement contrôlables et désirables.

**La troisième loi de l'écologie** précise enfin que « la nature en sait plus long », autrement dit, les hommes doivent user de beaucoup de précaution et de prudence avec ce qu'ils rejettent dans la nature.

Penser l'économie dans la suite de l'évolution de la vie est aussi un des objectifs de Nicholas Georgescu-Roegen (1966), un des premiers économistes contemporains à mettre l'accent sur l'importance des enseignements de la thermodynamique tout particulièrement de son second principe et de la biologie pour la science économique. Selon lui, même si la fonction de production néoclassique, représentation analytique standard, présente la production comme une relation technique entre des intrants et des extrants, elle ne décrit finalement aucune réalité physique. Rompant avec celle-ci, Georgescu-Roegen va mettre en avant la notion de « processus », à savoir une transformation contrôlée de la nature qui se déroule dans un certain contexte organisationnel. Sous son aspect biophysique, la production économique est une transformation de « basse entropie » en « haute entropie », et ce tant du point de vue de l'énergie que de la matière. Georgescu-Roegen dénonce ainsi l'idée selon laquelle les seules limites naturelles que rencontrerait le développement industriel résident dans l'énergie disponible pour le système de production. Pour bien marquer l'importance de cet aspect, il entendait faire de l'entropie matérielle la quatrième loi de la thermodynamique.

On trouve des idées très proches chez Robert Ayres et Allen Kneese (1969) et Allen Kneese, Robert Ayres et Ralph D'Arge (1970) qui ont développé les études des bilans matières en économie. C'est le premier principe de la thermodynamique celui de la conservation de l'énergie qui sert de guide à ce type d'approche. Selon ces auteurs, dans une économie fermée où il n'y a pas d'accumulation nette (sous forme d'usine, d'équipements, d'immeubles, etc.), la masse de rejets et de déchets de toute sorte de produits par le système économique équivaut approximativement à la masse d'énergie et de matière utilisée par ce même système.

L'écologie industrielle s'inspire de ces mêmes conceptions et principes. Le mot d'ordre de ce courant de pensée est que, désormais, il convient que les modèles de l'organisme et de l'écosystème inspirent les chercheurs, les ingénieurs et les entrepreneurs. Il lui importe de promouvoir une approche holistique, « intégrée » des systèmes industriels, lesquels, comme les systèmes écologiques, sont traversés de flux énergétiques et matériels. Suren Erkman (1998) résume ce point de vue : « Le substrat biophysique du système industriel, c'est-à-dire la totalité des flux et des stocks de matière et d'énergie liés aux activités humaines, constitue le domaine d'étude de l'écologie industrielle, par opposition aux visions usuelles, qui considèrent l'économie essentiellement en termes d'unités de valeur immatérielle. »

- **La problématique environnementale et la question du développement durable**

Dans cette optique biophysique, les répercussions sur l'environnement de ce que les économistes désignent habituellement comme des externalités ne peuvent être considérées que comme des conséquences normales de l'activité économique. Ivan Illich (1975) et Allen Kneese et al. (1970) avaient déjà respectivement mis en exergue ce point important. On retrouve cette conception chez les tenants de l'écologie industrielle : « Le point essentiel dans la perspective de l'écologie industrielle, écrit ainsi Suren Erkman (1998), réside dans le fait que les principaux flux de substances toxiques ne résultent pas d'accidents spectaculaires, mais d'activités de routine : industries, agriculture, occupations urbaines, consommations de produits divers. ». Si les modifications de l'environnement sont inévitables, les différentes activités et les diverses techniques de production n'ont pas pour autant les mêmes impacts. Pour Commoner (1971), comme pour d'autres écologistes[16], les problèmes d'environnement contemporains trouvent

[16] Le « problème de la production » est le titre du premier chapitre de *Small is beautiful*. Schumacher (1973, p 29) y écrit notamment : « La croissance économique qui, considérée du point de vue de l'économie, de la physique, de la chimie et de la technologie, n'a pas de limite perceptible doit nécessairement aboutir à une impasse du point de vue des sciences de l'environnement. » Schumacher (1973, p 18-19)

d'abord leur origine dans des « erreurs de la technologie productive et des arrière-plans scientifiques ». Au-delà de l'énergie nucléaire, ce sont les industries chimiques qui sont mises en cause. L'important, pour nombre d'écologistes, est de souligner que c'est à la réussite de certains développements et solutions techniques de l'industrie et non à leur échec que l'on doit des dégradations et des destructions de la nature. Dès lors, selon Commoner (1971), il convient de se sortir de ce faux pas technologique : « Les technologies actuelles, écrit-il, devraient être entièrement remodelées et transformées pour s'adapter, dans toute la mesure du possible, aux nécessités écologiques ; et dans l'industrie, l'agriculture et les transports, la plupart des entreprises actuelles devraient être réorganisées en fonction de ces nouveaux objectifs ». Sur le fond, cette proposition, comme le soulignent Dara O'Rourke et al. (1996) apparaît très proche du message général qu'essaient de faire passer les tenants de l'écologie industrielle.

Le thème du « développement durable » ne va apparaître qu'au tournant des années 80, mais cet objectif est déjà annoncé par la littérature écologiste. Commoner (1969) se demande : quelle terre laisserons-nous à nos enfants ?

Schumacher (1973) recommande d'« étudier l'économie du durable », c'est-à-dire la poursuite à longue échéance d'une croissance qui ne peut être illimitée. En ce qui concerne Georgescu-Roegen (1978), même si, quand elle se sera répandue, il dira ne pas aimer l'expression *sustainable development* (Georgescu-Roegen, 1993), il n'en dénonce pas moins le fait que la définition de l'économie politique traditionnelle ne précise pas qu'elle « considère l'administration des ressources rares seulement pendant l'horizon économique d'une génération ». À l'inverse, il entend définir un « programme bioéconomique » qui concerne l'affectation des ressources dans l'intérêt, non pas d'une seule génération, mais de toutes les générations. L'idée de soutenabilité est aujourd'hui clairement affichée par les tenants de l'écologie industrielle

---

précise : « En d'autres termes, les changements opérés au cours des vingt-cinq dernières années dans le domaine industriel, aussi bien en quantité qu'en qualité, ont fait naître une situation entièrement nouvelle, situation qui ne résulte pas de nos échecs, mais de ce que nous prenions pour nos plus grandes réussites. Ce phénomène s'est produit si soudainement que nous avons à peine remarqué que nous épuisions totalement, et vite, une certaine forme de biens irremplaçables, les marges de tolérance que la nature, dans sa bienveillance, nous a toujours fournies. »

(Ayres, 1993 ; Graedel, 1996). Il s'agit, pour reprendre le sous-titre de l'ouvrage de Suren Erkman (1998), de « mettre en pratique le développement durable dans une société hyper-industrielle ». L'écologie industrielle se présente comme une approche soucieuse de donner un contenu opérationnel à la notion de développement durable.

### ✚ *Des stratégies divergentes pour un développement durable*

La connaissance des enseignements de la science écologique conduit à ne plus pouvoir considérer la croissance économique en dehors de la dynamique des systèmes écologiques. On sait désormais que compte tenu du formidable développement de ses capacités techniques et de ses activités, l'homme, comme l'écrivait le père de la science de la Biosphère, Vladimir Vernadsky (1924), est devenu un véritable « agent géologique ». Ce bouleversement des flux biogéochimiques est un des principaux aspects de la crise environnementale que traversent les sociétés industrielles.

Pour y répondre, l'écologie politique et l'écologie industrielle appellent à rompre avec le système productiviste. Ivan Illich (1973) ou Suren Erkman (1998) soulignent ainsi la nécessité de dissocier l'accroissement du bien-être des sociétés, d'une part, et l'accroissement de la production et des consommations énergétiques et matérielles d'autre part. Toutefois la façon de mettre en œuvre cette « décroissance » diverge fortement quand on considère les stratégies avancées respectivement par l'écologie industrielle et l'écologie politique.

### ➢ **Les défis techniques de l'écologie industrielle**

Depuis son origine, la thermodynamique a toujours travaillé à rapprocher et à comparer les systèmes techniques et les systèmes vivants. Elle a appris aux hommes à concevoir la machine (à vapeur, en particulier) comme un organisme et l'organisme comme une machine. La même opération de pensée s'est déroulée avec le développement de l'écologie systémique. On en veut pour preuve qu'un vaisseau spatial construit pour un long périple sidéral est pour l'écologue Eugène Odum (1971), un très bon exemple d'écosystème. Rien de très étonnant donc à vouloir aujourd'hui « envisager le système industriel comme un cas particulier d'écosystème » (Erkman, 1998), ainsi que le recommandent les partisans de l'écologie industrielle.

- ✓ Le premier temps de cette démarche analogique est descriptif. L'écologie industrielle entend considérer tout processus de production dans sa totalité, avec tous ses intrants et ses extrants, qu'ils soient de nature énergétique ou matérielle. On retrouve là l'esprit des analyses en termes de bilans matières développées par Ayres, Kneese (1969), et Kneese, Ayres et D'Arge (1970) qui appelaient à l'élaboration d'une théorie des résidus, des déchets, de leur production et de leur circulation, une théorie des « maux » (bads) symétrique de la théorie de l'échange des « biens » (goods) qui existe déjà, permettant d'une part de rendre compatible le fonctionnement du système industriel avec celui de la biosphère et, d'autre part, de limiter les gaspillages. La métaphore aidant et compte tenu des transformations, tant qualitatives que quantitatives, qui s'opèrent durant la production, les auteurs vont s'efforcer d'étudier ce qu'ils désignent comme le « métabolisme industriel » (Ayres, 1989) des différents systèmes étudiés (usine, agrosystème, ville, etc.). C'est un système de comptabilité biophysique, aussi bien en termes de stocks que de flux, qui doit ainsi être mis sur pieds.
- ✓ Le deuxième temps de la démarche est prescriptif. L'idée affichée par les tenants de l'écologie industrielle est de trouver des modèles dans la nature et de les copier. Ainsi, Frosch et Gallopoulos (1989) avancent qu'un « écosystème industriel » devrait, tant que faire se peut, fonctionner comme un écosystème biologique. Chez certains auteurs, cet impératif prend même la forme d'une nouvelle étape, d'un nouveau stade d'évolution des systèmes industriels, pourrait-on dire, identique à celui qu'a connu la vie.
- ✓ À l'image de ce que l'on sait de l'évolution des systèmes vivants, l'industrie se doit de passer d'un stade juvénile à un âge de la maturité. Dans la pratique il s'agit d'en finir avec un système industriel essentiellement « extractiviste » et de développer davantage le bouclage des flux et le recyclage des matières et éléments qui traversent le système économique ou qui sont créés par le processus de production des biens et des services. Les industriels doivent procéder à une optimisation des

consommations énergétiques et matérielles, à une minimisation des déchets et à la réutilisation des rejets pour servir de matière première à d'autres processus de production et à d'autres activités économiques. La « symbiose de Kalundborg », située au Danemark, est l'exemple qui sert généralement à illustrer cette nécessaire interdépendance et le bouclage des flux entre plusieurs processus de production mis en œuvre par différentes entreprises. Frosch (1995) la décrit comme un « écosystème industriel modèle ». L'idée est de s'efforcer de ne pas créer des déchets à la source plutôt que de devoir les traiter et les éliminer ensuite. Pour autant, les objectifs purement économiques (le profit) ne sont pas perdus de vue. Erkman (1998) rappelle que « le fait d'optimiser l'ensemble des flux de matière et d'énergie devrait se traduire tôt ou tard par une performance et une compétitivité accrue ».

Dans l'ensemble, les modifications organisationnelles du système économique qui sont prônées par l'écologie industrielle concernent les processus et les sites de production. Ce sont les entreprises qui, à l'aide du progrès technique, vont modifier leurs normes de production, en ayant recours au recyclage et à la « dématérialisation » de certains produits. Certes, certains auteurs sont bien conscients que les attitudes du public doivent changer en matière de consommation, mais, pour l'essentiel, ainsi que l'écrivent Frosch et Gallopoulos (1989), cela doit se traduire par des efforts accrus de la part des consommateurs en matière de ramassage et de tri sélectif des déchets ménagers. De son côté, dans la société post-industrielle qu'il entrevoit, Suren Erkman (1998) entend bien que l'utilisateur de service doit, à terme, remplacer le travailleur-consommateur. Mais les analyses menées en ce sens tournent vite court. Ainsi, c'est de manière fort symptomatique, nous semble-t-il, que le même Erkman (1998), quand il s'interroge au sujet de l'éco compatibilité de la production de jus d'orange, note que « l'autre option, peu vraisemblable, supposerait une baisse de la consommation de jus d'orange ». Nous allons voir que c'est précisément dans cette direction que certains penseurs de l'écologie politique ont développé leurs réflexions.

### ➢ L'écologie politique et l'auto-limitation des besoins

La bio-économie développée par Nicholas Georgescu-Roegen est une des sources d'inspiration de l'écologie industrielle. Pour résumer les conclusions auxquelles son analyse bio-entropique l'a menée, on pourrait faire écho au *Halte à la croissance* du rapport Meadows (1972) ou à l'ouvrage *Demain la décroissance* édité par Jacques Grinevald et Ivo Rens (1995). Pour organiser celle-ci, Georgescu-Roegen (1975) nous dit que « l'innovation technique a certainement un rôle à jouer dans ce sens. Mais il est grand temps pour nous de ne plus mettre l'accent exclusivement comme tous les programmes l'ont fait jusqu'ici sur l'accroissement de l'offre. La demande peut aussi jouer un rôle et même, en dernière analyse, un rôle plus grand et plus efficace ». Quelques années plus tard, il insistera à nouveau sur ce point. Georgescu-Roegen (1978) écrira alors : « Le plus simple et aussi le plus ancien principe économique veulent que, dans toute situation où les ressources deviennent de plus en plus rares, une sage politique consiste à agir en premier lieu sur la demande ».

Plus précisément, à la lecture de son « programme bioéconomique minimal », on comprend que Nicholas Georgescu-Roegen (1975) en appelle à une réduction de la consommation marchande des individus par le rejet des gadgets, de la mode et des objets inutiles.

Cette idée rejoint celle de certains penseurs de l'écologie politique, tels Ivan Illich (1973, 1975) ou André Gorz (1988, 1991), qui mettent en avant la nécessité de repenser la notion de besoin et de réfléchir à l'élaboration d'une norme du « suffisant ». Cette autolimitation des besoins des consommateurs doit se faire à partir d'un certain nombre de renoncements, et non de sacrifices, note André Gorz (1991). Illich et Gorz en appellent ainsi à la découverte d'une « austérité joyeuse », entendons un modèle de société où les besoins sont réduits, mais où la vie sociale est plus riche parce que plus conviviale. Cette recherche sur le libre épanouissement des individus oblige aussi à considérer de manière critique les liens qui unissent le productivisme et le travail, lequel, ne l'oublions pas, est le mode de socialisation le plus important de la société industrielle. Beaucoup de biens et de services, comme le note André Gorz (1988), sont « compensatoires ». D'une part, la consommation d'objets, lorsqu'ils sont superflus ou contiennent un élément de luxe, va symboliser l'évasion de l'acheteur de l'univers strict de la rationalité économique. D'autre part, nous explique Gorz (1991), « plus vous consacrez du temps au travail rémunéré, plus vous avez tendance à consommer des marchandises, mais aussi des services marchands, car le temps ou les forces vous manquent pour faire des choses par et pour vous-même ». Dès lors, selon les penseurs de l'écologie politique, pour rompre avec cette logique qui n'est autre que celle du capital et pour que s'opère une libération dans la sphère de la consommation, il faut introduire du choix dans le travail des individus[17]. Il faut que le niveau des besoins et le niveau des efforts à consentir dans le domaine du travail soient proportionnés et déterminés conjointement. De manière générale, il s'agit de redéfinir les frontières de la sphère de la rationalité économique et des échanges marchands. Les activités économiques doivent décroître, selon Gorz (1991), tandis que les activités non régies par le rendement et le gain doivent se développer.

#### 2.2.4.2 Le développement durable : un nouveau modèle de gouvernance

La notion de développement durable fait l'objet depuis près d'une vingtaine d'années d'un vif débat au sein de la communauté scientifique, économique et politique. Initié lors du 1er Sommet de la Terre en juin 1992, le développement durable a pris une nouvelle dimension lors du Sommet Mondial de Johannesburg qui s'est déroulé en août 2002. Le développement durable, défini dans le cadre du Rapport Brundtland (1987), est « un développement qui répond aux besoins du présent sans compromettre la capacité des générations futures à répondre aux leurs ».

Si le développement durable a souvent été présenté comme une tentative pour concilier croissance et développement économique, il insiste aujourd'hui sur l'existence d'un nouveau modèle de gouvernance générant à la fois des perspectives économiques, sociales

---

[17] On retrouve aussi cette idée dans le programme bioéconomique minimal de Georgescu-Roegen (1975, p 134) : « (…) il nous faut nous guérir nous-mêmes de ce que j'ai appelé le "cyclondrome du rasoir électrique" qui consiste à se raser plus vite afin d'avoir plus de temps pour travailler à un appareil qui rase plus vite encore, et ainsi de suite à l'infini. Ce changement conduira à un émondage considérable des professions qui ont piégé l'homme dans le vide de cette régression infinie. Nous devons nous faire à l'idée que toute existence digne d'être vécue a comme préalable indispensable un temps suffisant de loisir utilisé de manière intelligente ».

et écologiques. En s'étendant à de nombreux domaines, on parle d'agriculture durable, de gestion forestière durable, le développement durable s'inscrit davantage dans le contexte de la durée plutôt que celui de l'effet de mode.

### *Le développement durable, une tentative pour concilier croissance et développement*

#### De la mesure de la croissance et du développement

Le taux de croissance du Produit Intérieur Brut par tête est un agrégat quantitatif et monétaire servant à mesurer la croissance économique. Durant les années 80, cet indicateur a été critiqué par de nombreux auteurs dont le prix Nobel Armatya Sen. L'IDH (indice de développement humain) est ainsi apparu comme un moyen d'intégrer des indicateurs qualitatifs à des indicateurs quantitatifs : c'est ainsi que le taux de scolarisation des enfants et le taux de natalité ont pris une place importante dans l'analyse notamment transversale (Barro) de la croissance. La notion de développement a été ainsi associée à la notion de croissance. Les travaux de François Perroux illustrent cette relation en rappelant que le développement économique est « la combinaison des changements mentaux et sociaux d'une population qui la rendent apte à accroître cumulativement et durablement, son produit réel global ». Le taux de croissance du PIB se trouve ainsi lié à des transformations qualitatives de la société dans les domaines économiques (production, consommation de masse), sociaux (taux de scolarisation, santé publique), démographiques (pyramide des âges, taux de natalité) et écologiques (épuisement des ressources naturelles, pollution).

#### Au concept de développement durable

La notion de développement durable a repris à son compte l'ensemble de ces transformations. Elle repose ainsi sur trois piliers : un pilier économique, le développement durable ne doit pas compromettre le progrès économique en limitant l'initiative et l'innovation ; un pilier social, le progrès économique doit être accompagné d'un progrès social appréhendé par la qualité des services de santé, de logement ; et un pilier écologique, la préservation et la valorisation des milieux naturels deviennent une nécessité pour l'avenir. Si la question de l'environnement et des ressources naturelles a toujours intéressé au plus haut point les économistes, elle est également restée longtemps rattachée aux travaux sur la croissance. Dans le cas des ressources naturelles, Hotelling introduira une relation entre le taux d'extraction du minerai, le prix de vente de ce dernier et la structure de marché (monopole, concurrence).

Dans le cas de l'économie de l'environnement, les économistes classiques introduiront la fonction de production à deux facteurs (capital et travail ; la terre et les ressources naturelles, considérées comme abondantes n'apparaissent plus dans cette fonction) ; les économistes orthodoxes s'appuieront sur la notion d'effets externes (exemple de la pollution). De son côté, Solow insistera sur la relation de substituabilité entre les facteurs de production (amenant à remplacer le facteur coûteux, ici le prix des matières premières par un facteur moins coûteux). La notion de développement durable fait donc suite à un long débat qui consistait à internaliser ou externaliser l'environnement : l'épuisement des ressources naturelles (rapport Meadows, milieu des années 70) et la responsabilisation des actes humains (problèmes écologiques des années 80-90, effet de serre, déforestation) sont venus modifier notre perception du progrès économique et social. Le développement durable leur a associé une condition supplémentaire : la satisfaction des besoins présents ne doit pas se faire au détriment des besoins futurs ; en d'autres termes, la croissance et le développement économique doivent respecter un équilibre intergénérationnel.

### ➢ Un concept qui recouvre cependant de larges dimensions

Le développement durable rappelle qu'à long terme, il n'y aura pas de développement possible s'il n'est pas économiquement efficace, socialement équitable et écologiquement tolérable. Il se trouve donc à la confluence de considérations sociales, économiques, environnementales débouchant sur des engagements politiques, éthiques et philosophiques forts : importance de l'écologie (le processus de développement doit se faire à un rythme compatible avec celui de l'évolution du milieu naturel) ; la notion de citoyenneté (ensemble des devoirs et des obligations, donc des responsabilités de celui qui habite dans la cité) ; de commerce équitable (commerce alternatif à la mondialisation des échanges et qui vise à rémunérer davantage les petits producteurs des pays en développement), d'éthique (ensemble de valeurs morales reconnues par tous, codes de conduite volontaires), de charte de développement durable (ensemble de mesures réunies au sein d'un document écrit que les différents signataires s'engagent à respecter), le principe de précaution (principe qui vise, dès qu'un risque existe, à prendre les mesures qui s'imposent en vue de protéger la population, l'environnement, etc.).

### *Le développement durable, un nouveau modèle de gouvernance ?*

Le développement durable est devenu un enjeu pour tous les acteurs de la scène économique. Il fait partie des débats internationaux relatifs à la protection et la préservation de l'environnement, et est intégré de plus en plus dans les stratégies d'entreprises. L'opinion publique, les marchés financiers, les pouvoirs publics font d'ailleurs de plus en plus pression sur les entreprises afin qu'elles communiquent sur leurs engagements en matière de développement durable. Au-delà de ces clichés, il convient cependant d'ajouter que ce nouveau modèle de gouvernance insiste notamment sur le constat que les autorités internationales, les pouvoirs publics, les entreprises et la société civile vont devoir travailler main dans la main afin de réconcilier trois mondes longtemps opposés : l'économie, le social et l'écologie.

#### **Un nouveau modèle de gouvernance à l'échelle mondiale**

Suite à la Conférence de Rio, la plupart des États se sont engagés à élaborer une stratégie nationale de développement durable. Le développement durable impose des changements structurels en profondeur. Il faut rééquilibrer les pouvoirs entre les priorités économiques et les impératifs sociaux et écologiques. Ceci passe par :

- ✓ L'instauration d'une nouvelle pratique des décisions gouvernementales. Les décisions politiques sont encore trop souvent calculées à court terme, pour répondre à des intérêts économiques particuliers sans tenir compte de l'impact à long terme pour l'ensemble de la population ;
- ✓ Le rééquilibrage des forces économiques entre les pays du Sud et du Nord. Les pays en voie de développement sont trop endettés et freinés dans leurs échanges commerciaux pour consacrer l'énergie et les moyens suffisants à l'éducation, la

santé et la protection de l'environnement. L'annulation de la dette extérieure publique du Tiers-Monde, l'application d'une taxe de type Tobin sur les mouvements financiers et l'abandon des politiques d'ajustement structurel font partie des projets de développement durable ;

- ✓ La création d'une institution internationale chargée de faire respecter les obligations souscrites par les États. À l'instar de l'Organisation Mondiale du Commerce (OMC) qui gère les échanges commerciaux, il faudrait une Organisation Mondiale de l'Environnement pour gérer les problèmes écologiques ;
- ✓ Une implication de tous les groupes socio-économiques. La réalisation effective des objectifs du développement durable ne peut aboutir que si l'ensemble des acteurs de la société agit en commun : les entreprises privées, publiques, les associations, les ONG, les syndicats et les citoyens. Lors du Sommet de Rio, en juin 1992, les États présents (182) ont adopté l'Agenda 21, c'est-à-dire un programme de 2 500 actions à mettre en œuvre au niveau international.

### ➢ Les entreprises, au cœur du dispositif

Le développement durable traduit la responsabilité à la fois économique, sociale et environnementale des entreprises. Ces dernières doivent ainsi s'engager publiquement à respecter des codes de bonne conduite édictés de manière interne ou par les organismes certificateurs (AFNOR en France), les pouvoirs publics (Charte de l'environnement en France), les ONG, les organismes internationaux (la Commission Européenne a édité en 2001 un livre vert sur la responsabilité sociale des entreprises) ou les marchés financiers.

La communication est importante, toutefois elle pose le problème de la récupération opportuniste ; comment faire en effet la différence entre un acte altruiste de mécénat et une politique intéressée de sponsoring ? Par ailleurs, ces conduites vertueuses sont souvent dictées par le souci de ne pas se mettre les consommateurs à dos.

### ➢ La pression de l'environnement

Les ONG relayées par l'opinion publique s'engagent de plus en plus en faveur du développement durable. Le collectif « De l'éthique sur l'étiquette » a ainsi poussé plusieurs entreprises à adopter un code de conduite et à accepter un contrôle indépendant (Il diffuse chaque année un carnet de notes permettant de comparer les avancées des différentes enseignes en matière de responsabilité sociale. Il soutient également la mise en place de relations commerciales plus justes avec les pays en développement. Le commerce équitable traduit la responsabilité morale du citoyen vis-à-vis des petits producteurs des pays en développement (prix de vente plus élevé afin de permettre une meilleure rémunération des producteurs). Il fait également figure d'alternative à la mondialisation et au développement des inégalités économiques et sociales. Le développement durable a également généré l'apparition d'agences de notation sociale, des fonds éthiques et des investissements socialement responsables (ISR : les produits financiers doivent être investis dans des entreprises reconnues comme éthiquement responsables). Les sociétés sont évaluées en fonction de leur efficacité économique et financière, mais également à partir de critères environnementaux (prévention des risques industriels ; recherche de solutions aux problèmes de pollution) et sociaux (respect des normes sociales, ISO 8000 relatives aux conditions de travail ; non-discrimination raciale, refus d'investir dans les pays non respectueux de la démocratie.

Ces théories et bien d'autres ont par conséquent servi de base de travail pour plusieurs chercheurs qui l'ont implémenté dans divers pays et régions aux fins d'apporter des réponses aux problèmes liés à l'exploitation et à la gestion des ressources hydriques.

## 2.3. REVUE DE LA LITTÉRATURE EMPIRIQUE

De nombreux chercheurs se sont penchés sur la question de l'écart existant entre l'offre et la demande en eau dans les différents secteurs d'utilisation de cette ressource. Cette partie va ainsi restituer la plupart de ces travaux en présentant d'une part la littérature sur les ressources hydriques n'incluant pas le changement climatique (2.3.1) et d'autre part celle incluant ce changement de climat (2.3.2).

### 2.3.1. Les travaux n'intégrant pas les effets du changement climatique sur les ressources hydriques.

Plusieurs travaux se sont intéressés aux raisons de l'inadéquation qui existe entre la demande et l'offre en eau dans de nombreux pays. Certains de ces travaux se sont attaqués au prix de cette ressource qu'ils ne jugent pas assez incitatif pour éviter le phénomène de gaspillage de la part des agents ou des consommateurs. C'est ainsi qu'on peut appréhender les travaux de Sağlam, Y. (2010) dans sa tentative de détermination d'une politique de prix optimale pour faire face aux problèmes de manque d'eau en Turquie, ou encore les travaux de Nkengfack (2006) qui aboutissent à la conclusion suivant laquelle le prix de l'eau ne constitue pas un déterminant de la demande en eau dans les ménages au Cameroun.

Bouscasse H., Destandau F. et Garcia S. (2008) ont abordé la question de la qualité des prestations offertes aux usagers comme essentielle dans la gestion et la régulation des services d'alimentation en eau potable. Pour eux, omettre ces aspects de qualité des prestations peut introduire des biais lors de l'estimation de l'efficacité des services. Ils intègrent donc des variables quantifiant la multi-dimensionnalité des services dans une fonction de coût Translog. Les résultats d'estimation indiquent que la prise en compte de la qualité des prestations offertes aux usagers a un impact significatif sur la mesure de l'efficacité calculée à partir d'une frontière stochastique. On montre aussi que le niveau d'efficacité dépend conjointement du type de propriété (public ou privé), du service et du niveau de qualité.

De même, pour Aubert et al (2008), la gestion des services d'eau (eau potable et assainissement) peut être déléguée à une entreprise spécialisée (privée). Les problèmes d'inefficacité liés à la structure de monopole des services sont alors exacerbés par le déficit d'information de l'autorité publique sur la gestion faite par l'entreprise privée. Toutefois, la gestion directe (publique) n'est pas non plus sans défaut : inefficacité productive, absence de contrôle, etc. La tarification et les incitations données aux services restent des outils privilégiés dans un contexte de rareté et de fragilité de la ressource. Il est donc important de bien comprendre le comportement des gestionnaires des services lorsque l'on souhaite étudier les aspects environnementaux (qualité et quantité) et de bien-être social (facturation aux usagers). Dans ce contexte, l'analyse économétrique des coûts des services s'avère incontournable. Elle permet de mesurer les économies d'échelle exploitables, d'étudier les effets sur la production de la présence d'asymétries d'informations entre exploitant et responsable du service, de comparer les modes de gestion en termes d'efficacité, de prix et de qualité de service.

Par contre, d'autres études se sont intéressées aux coûts supplémentaires liés à la mauvaise qualité de l'eau dans certains secteurs d'activité. La plupart de ces travaux supposent implicitement que le problème de manque d'eau est dû uniquement au gaspillage de la part des agents et non à un problème de manque physique ou de mauvaise qualité de cette ressource. Pourtant, les études de Katharine Coman par exemple montrent que le réchauffement climatique a une influence notable sur la pluviométrie et donc sur les réserves d'eau et a par conséquent un impact sur le prix d'eau. L'ensemble de ces travaux, bien qu'intéressants, s'occupent particulièrement de la demande d'eau potable et a tendance à négliger l'offre. De plus, ils s'occupent principalement de la détermination optimale des prix de l'eau et ceci dans les pays où la gestion de celle-ci est faite par le secteur privé.

De même, les travaux de Fouzai A, Bachta M. S., Brahim. M. B. et Rajhi E. (2013) abondent dans ce sens en prenant en compte le poids économique de la dégradation de la qualité des eaux d'irrigation dans la région de Korba en Tunisie. Pour ces auteurs, étant donné l'ampleur du phénomène de la salinité en Tunisie, sa prise en compte dans le calcul économique devenait de plus en plus indispensable. Il s'agit pour eux d'internaliser cette externalité à travers l'ajustement des coûts par la valeur économique de la dégradation. Ils utilisent comme méthodologie l'une des méthodes d'évaluation dite indirecte : la méthode de productivité. Ce cadre d'analyse leur a permis d'estimer une fonction de production pour deux zones dont seule la qualité de l'eau d'irrigation diffère. En plus des facteurs de production, une variable dummy a été introduite pour caractériser la qualité de l'eau utilisée pour l'irrigation. Les résultats empiriques ont montré que l'augmentation de la salinité de 1 % engendre une diminution de la productivité de 15 %.

L'ensemble de ces travaux ne prennent pas en compte les effets que peut avoir le changement climatique sur les ressources hydriques.

## 2.3.2. Le changement climatique et les ressources hydriques

### 2.3.2.1. Les travaux n'incluant pas l'Afrique

Les conséquences souvent tragiques de la baisse persistante de la pluviométrie et des écoulements sur les économies des pays en développement justifient l'intérêt constant porté sur l'analyse du changement climatique. Même dans les régions équatoriales dites « humides », la sécheresse se fait ressentir, avec cependant un léger décalage dans le temps (Olivry et al., 1993 ; Bricquet et al., 1997 ; Servat et al., 1999 ; Mahé et al., 2001).

Partant du constat que la croissance de l'offre, ayant constitué la réponse traditionnelle à l'augmentation de la demande, avait atteint (ou allait atteindre) ses limites et devait se heurter à des obstacles à la fois sociaux, économiques ou écologiques croissants dans presque tous les pays riverains, la Commission Méditerranéenne de Développement Durable avait en effet conclu, dès 1997, que la GDE[18] constituait « la voie permettant les progrès les plus significatifs des politiques de l'eau en Méditerranée », ce, compte tenu des gains d'efficience possibles. Différents ateliers organisés à l'échelle régionale (Fréjus en 1997, Fiuggi en 2002, Saragosse en 2007) ont conduit à une reconnaissance progressive de la gestion de la demande en eau comme une voie prioritaire pour contribuer à atteindre deux objectifs au centre du concept de développement durable : l'évolution des modes de consommation et de production non viables d'une part, la protection et la gestion durable des ressources naturelles aux fins du développement économique et social d'autre part. Ils ont permis de débattre des outils de mise en œuvre des politiques de gestion de la demande en eau et montré que les progrès obtenus les plus significatifs avaient résulté de combinaisons d'outils (stratégies, tarification et subventions, organisation institutionnelle) mis en œuvre de façon progressive et continue. La gestion intégrée des ressources et demandes en eau a été retenue comme le premier domaine d'action pour le Développement Durable.

Dans cette stratégie « cadre » commune, l'un des objectifs principaux relatifs à la gestion de l'eau est le renforcement des politiques de GDE pour stabiliser la demande grâce à une atténuation des pertes et des

[18] Gestion de la demande en eau

mauvaises utilisations et pour augmenter la valeur ajoutée créée par $m^3$ d'eau utilisée (soit améliorer les efficiences). Cette même commission souligne que les impacts du changement climatique sur le cycle hydrologique sont consécutifs au réchauffement observé depuis plusieurs décennies. Des températures élevées de l'eau ainsi que des modifications des évènements extrêmes (inondations, sécheresses) risquent d'affecter sa qualité impactant sur les écosystèmes, la santé humaine et les coûts d'exploitation. De plus, l'augmentation du niveau de la mer salinise la ressource en eau douce côtière. Par conséquent, il peut y avoir une réduction de la disponibilité de la ressource pour l'irrigation et donc de la production de nourriture, a fortiori dans les zones semi-arides. Une attention toute particulière y est accordée aux impacts du changement climatique sur le cycle de l'eau comme à la fiabilité des systèmes actuels de gestion de l'eau. Il existe par conséquent une littérature qui explore les impacts défavorables que le changement de climat causera sur l'offre et la demande de l'eau dans le monde entier (Bates et al., 2008). Ces études ont examiné des implications à l'échelle mondiale, et également sur une échelle régionale, y compris des études en Chine (Xu et al. 2004), le Canada (Simonovic et Li 2004), Japon (Islam et al. 2005), la Corée (Georgakakos et al. 2005), Nouvelle-Zélande (Ruth et al. 2007) et aux États-Unis (Barnett et al. 2004 ; Dracup et al. 2005 ; Hayhoe et al. 2004).

De grands modèles de réservoir ont été conçus pour évaluer les impacts du changement de climat sur des ressources d'eau de la Californie. Les travaux de Dracup et al. (2005) contiennent une discussion des inconvénients de certains de ces plus grands modèles.

En plus de manquer des dispositifs de modélisation souhaitables, les modèles plus grands sont des représentations brutes de différentes zones de l'eau. C'est problématique, car l'hétérogénéité existe pour des droits de l'eau et la croissance de la population dans les zones de l'eau, même pour ceux dont il existe une proximité étroite entre eux. Les stratégies adaptatives aux États-Unis se sont concentrées sur l'amélioration de la gestion du réservoir (Carpentier et Georgakakos 2001 ; Yao et Georgakakos 2001 ; Vanrheenen et al. 2004) en incorporant des prévisions et des projections de climat.

Pour Döll (2002), les besoins nets en irrigation sous changement climatique, sans considération de l'effet positif du CO2, pourraient augmenter de 5-8 % en 2070 en prenant en compte l'impact du changement climatique sur les périodes optimales de développement. Fischer et al. (2007), soulignent également qu'à l'échelle globale, les besoins nets pourraient augmenter de 20 % en 2080. Cette augmentation est due, pour deux tiers, aux demandes non consommatrices en eau plus importantes et, pour un tiers, à un allongement des périodes de développement dans les zones tempérées et subtropicales en raison du changement climatique. Selon les études faites dans le cadre du projet Climator sur la France, l'anticipation des stades et le raccourcissement du cycle, surtout pour les cultures de printemps, conduiraient dans le très court terme à l'augmentation et dans le long terme à la stabilisation voire à la diminution des apports en eau nécessaires, effectives que si les variétés restent inchangées, à condition que les agriculteurs acceptent des baisses importantes de rendements (Brisson et Levrault, 2010). Aux États-Unis, les pertes de production dues aux précipitations intenses pourraient atteindre 3 milliards USD par an en 2030 (Bates et al., 2008 ; Brisson et Levrault, 2010).

À l'échelle globale, d'après le GIEC, les impacts négatifs du changement climatique sur les ressources en eau devraient être plus importants que ses bénéfices (Bates et al., 2008). La pression causée sur les ressources en eau par des facteurs non climatiques serait en particulier accentuée par le changement climatique. Pour autant, selon Arnell (2004), le nombre de personnes habitant dans des bassins versants sous stress hydrique en 2050 sera plus influencé par les différences de projection de population des 4 scénarii SRES (Special Report on Emission Scenarios) que par les différences de scénarii climatiques. Selon les projections faites par Alcamo et al. (2007) à l'horizon 2050 avec deux modèles climatiques et les scénarii SRES A2, B2 (cf. annexe 1), le stress hydrique diminuerait sur 20-29 % de la surface totale et augmenterait sur 62-76 % de la surface totale. La diminution serait essentiellement due à la hausse des précipitations tandis que l'augmentation proviendrait de la hausse des quantités d'eau extraites (Bates et al., 2008).

Selon un grand nombre d'experts, les effets potentiels du changement climatique sur l'eau sont multiples avec notamment des impacts sur l'approvisionnement en eau, sur la distribution de la pluviométrie

(Prudhomme et Davies, 2009 a, 2009 b ; Arnell, 1998 ; Bates et al., 2008 ; Otter et al., 2007), sur la fréquence et l'intensité des évènements météorologiques extrêmes tels que les sécheresses et les inondations, avec des impacts indirects sur pratiquement tous les secteurs environnementaux et économiques. Deux principaux paramètres influencent significativement les régimes hydrologiques : les températures et les précipitations. La hausse des températures du globe devrait renforcer le cycle hydrologique. Pour chaque degré Celsius supplémentaire, l'air peut en effet absorber environ 3 % de vapeur d'eau en plus. S'agissant des précipitations, les projections jusqu'en 2100 montrent des changements dans leur distribution (augmentation dans le nord de l'Europe surtout en hiver et diminution en été dans le sud de l'Europe), qui peuvent modifier la disponibilité de l'eau. En effet, la recharge des aquifères se fait en période de forte pluviométrie et de température plutôt basse ; et la présence d'eau dans les rivières est corrélée à la pluviométrie.

Gander (2009) aboutit à la même conclusion en stipulant que la diminution des précipitations ainsi que l'augmentation de l'évapotranspiration et la baisse du niveau des cours d'eau devraient également provoquer une diminution de la reconstitution des réserves d'eau et une baisse du niveau des nappes phréatiques. Le changement climatique peut également affecter la qualité de l'eau, à travers par exemple l'augmentation de la mobilité des composés chimiques, des changements dans l'hydrologie et des changements dans le calendrier des modèles biologiques et météorologiques ainsi que de la température de l'eau. Enfin, les précipitations extrêmes pourraient se produire plus fréquemment, surtout en hiver, ce qui pourrait conduire à des inondations plus fréquentes.

O'Hara K. J. et Georgakakos K. P. (2008) ont publié un article intitulé « La quantification urbaine d'alimentation en eau et impacts des changements climatiques ». Pour eux, la différence de temps entre l'approvisionnement en eau et la demande en eau en milieu urbain nécessite le stockage de l'eau. Or ces réservoirs existants ont été conçus sur la base des données hydrologiques d'une période historique donnée, et, compte tenu de récentes preuves du changement climatique, la capacité de ces réservoirs peut être insuffisante pour répondre à la demande en vertu des scénarii de changement climatique. Leur étude visait à évaluer la capacité de stockage existant pour répondre à la demande en eau en milieu urbain dans les conditions actuelles et les prévisions des scénarii climatiques futurs, et de déterminer l'efficacité de la capacité de stockage des expansions. Le système de réservoir à San Diego, en Californie, est utilisé comme une étude de cas. Ils constatent que les scénarii de changement climatique seront plus coûteux à la ville en considérant les paramètres hydrologiques historiques. L'ampleur des coûts prévus et la politique d'investissement optimal sont sensibles à la croissance projetée de la population et la précision avec laquelle notre modèle peut prédire les déversements.

Des températures de l'eau plus élevées, une intensité accrue des précipitations et des périodes plus longues du débit d'étiage devraient aggraver de nombreuses formes de pollution de l'eau, y compris les sédiments, les nutriments, le carbone organique dissous, les agents pathogènes, les pesticides, le sel et la pollution thermique. Ce phénomène va favoriser la prolifération de fleurs d'eau (Hall et al., 2002 ; Kumagai et al., 2003) et accroître les teneurs en bactéries et champignons, ce qui pourrait avoir une incidence sur les écosystèmes et la santé humaine, ainsi que sur la fiabilité et les coûts de fonctionnement des systèmes hydriques. En effet, l'augmentation des températures comme le souligne Nicholls (1999) va probablement baisser la qualité de l'eau dans les lacs en raison d'une stabilité thermique accrue et des modifications des types de mélanges, avec pour résultat une diminution des concentrations en oxygène et une émission accrue du phosphore contenu dans les sédiments. En se servant des analyses faites dans la région d'Ontario (Canada), il conclut que les concentrations en phosphore déjà élevées pendant l'été dans la baie du lac Ontario pourraient doubler pour une élévation de la température de l'eau de 3 à 4 °C. Cependant, l'élévation des températures peut également améliorer la qualité de l'eau pendant l'hiver ou au printemps, en raison de la rupture plus précoce de la glace, de l'augmentation consécutive des taux d'oxygène et de la diminution de l'hécatombe des poissons en hiver.

Par contre, les études de Leemans et Kleidon (2002) stipulent que des pluies plus intenses conduiront à une augmentation des matières solides en suspension (turbidité) dans les lacs et dans les réservoirs, en raison de l'érosion fluviale du sol, et à une introduction de polluants (Mimikou et al., 2000 ; Neff et al., 2000 ; Bouraoui et al., 2004). Il est attendu que l'augmentation de l'intensité des précipitations prévue conduit à une détérioration de la qualité de l'eau puisqu'elle résulterait d'un transport accru d'agents pathogènes et d'autres polluants dissous (par exemple, des pesticides) vers les eaux de surface et souterraines ; elle entraînerait aussi une érosion accrue, qui à son tour conduirait à la mobilisation des polluants absorbés tels que le phosphore et les métaux lourds. En outre, des épisodes de fortes pluies plus fréquentes surchargeront plus souvent les capacités des systèmes d'assainissement et des usines de traitement de l'eau et des eaux usées.

Pour Ranger, Loyer, Gelhaye, Pollier, Bonnaud (2007) ; Gove, Edwards et Loveday (2001) ; Kiersch et Tognetti (2002) l'impact des changements climatiques sur la sécurité de l'eau est déjà palpable. À l'échelle mondiale, la superficie des terres classées par le GIEC comme « très arides » a plus que doublé depuis les années 70. Cela s'accompagne de l'aggravation des inondations dans les altitudes moyennes-hautes, des sécheresses plus longues et plus fréquentes dans certaines régions, et des phénomènes El Niño plus fréquents et plus intenses, autant de choses qui contribuent à modifier l'équilibre entre la demande et l'offre des ressources en eau. L'énergie solaire piégée dans l'atmosphère par les gaz à effet de serre est à la base du cycle hydrologique. Chaque hausse vient ainsi intensifier le cycle, modifiant la pluviométrie et provoquant l'exacerbation des évènements climatiques extrêmes tels que les sécheresses et les inondations. En effet, si de grandes tendances peuvent être dessinées autour des liens entre changement climatique, quantité et qualité de l'eau, notamment brute, il est difficilement envisageable de généraliser des résultats. Ce sont à la fois les aspects locaux et les échelles d'observation qui constituent les facteurs limitants dans un exercice de transfert de résultats d'un site à un autre.

Depuis des millénaires, le niveau de la mer monte par rapport à celui des terres dans les océans (Gehrels *et al.*, 2004). Cet état de choses est dû à une combinaison de l'élévation du niveau de la mer planétaire (Church *et al.*, 2004) et d'un ajustement isostatique postglaciaire à long terme de la croûte terrestre conjugué aux effets de la charge de l'océan sur la plateforme qui se traduit par de la subsidence dans tout le sud des Maritimes (Dyke et Peltier, 2000). Les changements du niveau de la mer que nous observons, bien que lents, deviennent significatifs sur quelques décennies. Les effets des tempêtes viennent se superposer au niveau moyen de la mer qui est donc le principal contrôle à long terme du degré d'inondation et d'attaque des vagues (Zhang *et al.*, 1997). Le réchauffement du climat qui cause une expansion thermique des océans et la fonte de la glace sur les continents, menace de faire monter le niveau de la mer à l'échelle planétaire, de plusieurs dizaines de centimètres au cours du siècle à venir (GIEC, 2001), ce qui accélérera les taux historiques d'élévation relative du niveau de la mer.

Woodward (1888) a démontré que l'autogravitation de la charge de surface due à l'ajout d'eau de fonte glaciaire dans l'océan induirait un changement irrégulier du niveau de la mer, celui-ci baissant sur une grande superficie à proximité de la source de la fonte (Farrell et Clark, 1976). L'attraction gravitationnelle de grandes masses de glace telles que les calottes glaciaires du Groenland et de l'Antarctique est suffisante pour faire monter le niveau de la mer dans leur voisinage. Mitrovica *et al.* (2001) ont fait la preuve de la grande variation géographique et des régimes contrastants du changement du niveau de la mer dû à la fonte des calottes du Groenland et de l'Antarctique, ainsi qu'à celle des glaciers alpins et des inlandsis. Si l'on définit le changement eustatique du niveau de la mer comme le changement du niveau planétaire moyen de la mer imputable à un changement du volume total de l'océan (changement net de la masse de glace glaciaire divisé par la densité moyenne de l'eau de mer dans un volume de mélange adéquatement défini), le changement du niveau de la mer régional par exemple au Canada atlantique serait attribuable pour moins de 20 % à la contribution eustatique globale de la fonte de la glace du Groenland, pour environ 110 % à celle de l'Antarctique, et pour environ 90 % à celle de glaciers alpins. Mitrovica *et al.* (2001) citent ces régimes comme explication au moins partielle des taux historiques anormalement bas de l'élévation relative du niveau de la mer dans le nord-ouest de l'Europe, soit environ 0,11 m au cours du dernier siècle (Woodworth *et al.*, 1999), comparativement aux estimations de 0,15 à 0,19 m pour la même période sur la côte est de l'Amérique du Nord (Peltier, 1996). Cependant, on peut aussi attribuer les différences géographiques du changement relatif du niveau de la mer à des différences de l'expansion thermique et de la circulation de l'océan (Church *et al.*, 2004).

Bates et al (2008) estimaient que la mer pourrait s'élever de 18 à 42 cm d'ici 2100. Au niveau mondial, le nombre de grandes catastrophes par décennie provoquées par les crues continentales au cours de la période 1996-2005 a doublé par rapport à la période 1950-1980 et les pertes économiques associées ont été multipliées par cinq (Kron et Berz, 2007). Les moteurs dominants de cette tendance à la hausse des dommages causés par les crues sont des facteurs socio-économiques comme la croissance économique, les augmentations de la population et de la richesse concentrées dans des zones vulnérables, ainsi que le changement d'affectation des terres. Affectant 140 millions de personnes par an en moyenne, les crues constituent les catastrophes naturelles les plus signalées dans de nombreuses régions (WDR, 2003, 2004). Au Bangladesh, pendant l'inondation de 1998, environ 70 % du pays a été inondé (comparé à une moyenne de 20 à 25 %) (Clarke et King, 2004).

Dans les régions côtières où l'écoulement fluvial diminue, la salinité aura tendance à remonter les cours d'eau et donc altérera la zonation des espèces animales et végétales, ainsi que la disponibilité en eau douce pour l'homme. La salinité accrue des eaux côtières depuis 1950 a contribué au recul des forêts de chou palmiste en Floride (Williams *et al.*, 1999) et de cyprès chauve en Louisiane (Krauss *et al.*, 2000). Elle a également joué un rôle dans l'extension des mangroves vers les marécages avoisinants dans la région des Everglades, en Floride (Ross *et al.*, 2000) et dans tout le sud-est de l'Australie au cours des 50 dernières années (Saintilan et Williams, 1999). L'intrusion d'eau salée consécutive à l'élévation du niveau de la mer, combinée à la diminution du débit des rivières et à l'augmentation de la fréquence des sécheresses, devrait perturber les pêcheries côtières dépendantes des estuaires au cours de ce siècle dans des régions d'Afrique, d'Australie et d'Asie.

Pour Dumas (2006), l'impact économique des inondations, des sécheresses, et des effets connexes peuvent être considérables. L'une des particularités du secteur est le contexte actuel de surexploitation de la ressource qui peut favoriser l'adoption précoce d'actions d'adaptation à des situations qui deviendront de plus en plus fréquentes. De manière générale, des actions d'adaptation peuvent être entreprises à plusieurs niveaux : mise à niveau des infrastructures et technologies de production et de distribution ; aménagement du territoire ; ou encore la maîtrise de la demande.

Les travaux d'O'Hara et Georgakakos (2008) ont pris en compte d'autres formes d'adaptation au changement climatique potentiel sous populations croissantes. Ils ont prolongé les recherches existantes en se concentrant sur l'efficacité économique de l'expansion des capacités de stockage de réservoir comme moyens d'adaptation au changement climatique. Les études semblables incluent Ruth et al. (2007) qui discutent des réponses adaptatives au changement de climat pour une zone simple de l'eau dans la Nouvelle-Zélande, et Semadeni & Davie (2004) examinent le besoin d'expansion d'infrastructures pour les réseaux urbains de systèmes d'égouts dans les régions affectées par des changements de fonte de neige. Cependant, ces travaux n'incorporent pas des critères économiques en considérant l'adaptation. Convenable à l'adéquation de la capacité de stockage sous un approvisionnement en eau, Fisher et Rubio (1997) ont dérivé un modèle théorique qui montre que l'incertitude accrue dans les projections mène à un niveau plus élevé de stockage de réservoir dans le long terme. O'Hara et Georgakakos examinent l'offre et la demande urbaine stochastique de l'eau sous changement climatique et une variation des revenus des populations, et en formulant une solution d'adaptation par l'expansion de capacité. Cette étude est innovatrice en ce sens qu'elle prend en compte les aspects économiques, incorpore l'incertitude, développe l'expansion de la capacité des réservoirs comme approche d'adaptation pour des problèmes urbains de demande d'approvisionnement en eau et l'application aux données réelles d'une zone de l'eau en Californie méridionale semi-aride.

L'impact économique du changement climatique sur la distribution d'eau en Suisse est estimé dans une étude de Meier et al (2007). L'auteur suppose qu'afin de conserver la grande qualité et sécurité d'approvisionnement de la distribution d'eau, des investissements supplémentaires dans une augmentation de la capacité des réservoirs ainsi qu'une interconnexion des distributeurs sont nécessaires. Cette dernière se traduit par le besoin supplémentaire d'infrastructures et l'expansion du réseau de distribution d'eau en Suisse. L'étude estime que ces mesures d'adaptation augmentent la valeur de remplacement de l'infrastructure de la distribution d'eau en Suisse de 30 %. En se basant sur une estimation de la valeur de remplacement de l'infrastructure de distribution d'eau à Zurich, ces mesures requièrent des investissements supplémentaires de 200 millions de CHF par an.

L'acidité et la richesse en matière organique constituent deux caractéristiques chimiques des sols forestiers (Badeau et al. 1999 ; Ritter, 2003), avec des conséquences antagonistes sur la qualité de l'eau. La matière organique augmente la capacité de rétention d'eau et d'éléments potentiellement polluants. L'acidité quant à elle peut se transmettre à l'eau, et augmenter la mobilité de polluants comme l'aluminium ou le plomb. L'acidification peut être critique dans des zones de socle cristallin (où les roches ont un faible pouvoir tampon) soumises à des précipitations acides importantes (notamment d'acide nitrique). Les problèmes d'acidification sont susceptibles de favoriser l'augmentation des teneurs en nitrates dans les eaux et ils peuvent justifier des mesures de gestion sylvicole spécifiques.

Andréassian (2004) écrit que la forêt consomme en général plus d'eau qu'un autre type de couvert végétal ; le déboisement a habituellement pour effet d'augmenter la production d'eau d'un bassin versant, et le reboisement de la réduire. En effet, les couverts forestiers ont la plus forte capacité d'interception des pluies et de mobilisation des réserves hydriques du sol et du sous-sol ; ils peuvent soustraire au bilan hydrologique de fortes quantités d'eau par évaporation et transpiration. La forêt limite donc les écoulements, mais dans des proportions très variables. Il est admis que jusqu'à une réduction de 20 % de la superficie du couvert forestier d'un bassin, il n'y a pas d'influence détectable sur les débits. Si à climat égal l'évapotranspiration des forêts est supérieure aux cultures, de par leur localisation géographique, les zones forestières fournissent plus d'eau, et donc des eaux plus diluées, dans des conditions géologiques identiques (Lavabre et Andréassian, 2000). Le type de couvert forestier peut également jouer sur la disponibilité de la ressource. Ainsi, la substitution entre feuillus et résineux est susceptible de jouer sur les volumes écoulés. En effet les résineux présentent des valeurs d'interception plus importantes que les feuillus, et peuvent atteindre une importante activité de transpiration.

Julien Fiquepron, Serge Garcia, Anne Stenger (2008) dans l'un de leurs articles mesurent l'impact de la forêt sur le prix et la qualité de l'eau à l'échelle du territoire français. Dans cet article, ils désirent connaître s'il est possible de valoriser le service rendu par la forêt en termes de qualité d'eau. Selon eux, les liens entre forêt et eau ont été jusqu'à présent peu abordés par les économistes. Pourtant les enjeux sont réels et la valorisation du service semble désormais nécessaire. Au vu de la variabilité des liens entre la forêt et la qualité de l'eau, ils ont choisi de couvrir l'ensemble du territoire français en s'appuyant sur des données communes et observées dans chaque département. Ainsi, ils ont collecté des données relatives à la gestion de l'eau et des données sur les usages du territoire et l'occupation des sols, dont la proportion de surfaces boisées à l'échelle du département. La méthode de traitement et d'exploitation des données est basée sur l'estimation d'un modèle à équations simultanées comprenant une équation du prix de l'eau, deux équations sur les indicateurs de qualité des eaux brutes (pesticides et nitrates) et une équation sur le mode de gestion du service d'alimentation en eau potable. Ces auteurs aboutissent à la conclusion selon laquelle il existe un effet positif de la forêt sur la qualité des eaux brutes relativement aux autres usages du sol avec un effet indirect sur le prix de l'eau meilleur marché pour les consommateurs. Les résultats obtenus permettent d'ouvrir des discussions relatives aux choix d'occupation des sols, mais aussi aux incitations potentiellement applicables auprès des propriétaires forestiers. Des travaux similaires ont été réalisés sur les liens entre la forêt et l'eau. C'est notamment le cas du travail de Willis (2002)[19] relatif à l'impact de la forêt sur la qualité des eaux. Ces recherches se limitent à un inventaire des effets négatifs de la forêt (acidification, érosion due à certaines pratiques forestières, eutrophisation). D'après lui, de manière très générale, voire caricaturale, on peut dire que, par rapport à un usage alternatif du sol (prairie), la forêt a tendance à réduire la quantité d'eau disponible, et à augmenter sa qualité. D'autres recherches se sont intéressées aux problèmes liés à l'interface forêt-eau d'un point de vue économique. C'est par exemple le cas de Le Maître et al. (2002), qui étudient les coûts et bénéfices liés au contrôle d'espèces invasives, grosses consommatrices en eau, à proximité des points de captage d'eau.

Shafik et Bandyopadhyay (1992) ont estimé la courbe environnementale de Kuznet pour 10 indicateurs différents de

---

[19] Cette affirmation à vocation générale est à prendre avec beaucoup de précautions dans la mesure où les caractéristiques du sol, du climat, et de la forêt peuvent influer de manière très importante sur les résultats.

dégradation environnementale en tant qu'élément de l'étude de fond pour le rapport 1992 de développement du monde.

Ces indicateurs sont : le manque d'eau propre, le manque d'hygiène urbaine, les niveaux ambiants des matières en suspension particulaires, les sulfuroxides ambiants, le changement de secteur de forêt pendant 1961-86, le taux annuel de déboisement, oxygène dissous dans les fleuves, coliformes fécaux dans les fleuves, déchets municipaux par capital, et émissions de carbone par capital. L'échantillon inclut des observations sur 149 pays pour 1960-90. Certaines des variables dépendantes sont observées pour certaines villes dans certains pays, d'autres pour des pays en général. L'étude emploie trois formes fonctionnelles différentes : notation linéaire, notation quadratique et dans le cas le plus général, un polynôme cubique logarithmique en PIB par capital et une tendance de temps. Shafik et Bandyopadhyay ont également effectué un certain nombre de régressions additionnelles ajoutant diverses variables de politique telles que l'orientation, les prix commerciaux de l'électricité et bien d'autres. Les résultats pour ces derniers sont plutôt ambigus et difficiles à interpréter.

En effet, le manque d'eau propre et le manque d'hygiène urbaine se sont avérés diminuer uniformément avec l'augmentation du revenu, et du temps d'excédent. Les deux mesures de déboisement se sont avérées très peu liées aux limites de revenus. Shafik et Bandyopadhyay précisent que ni l'une ni l'autre des mesures qu'elles emploient ne capturent entièrement l'ampleur du déboisement pendant que ceci a pu avoir débuté il y a des centaines ou des milliers d'années. Les données annuelles de déboisement sont notoirement toutes imprécises que dans la plupart des cas elles sont simplement des interpolations entre les années de repère où des aperçus ont été conduits. D'ailleurs, le taux proportionnel de déboisement dépend du secteur de la forêt dans chaque pays (Burgess, 1993 ; Barbier et al, 1995).

Cette section a présenté un panorama général des impacts du changement climatique. Cependant un effort plus régionalisé est nécessaire afin d'appréhender les spécificités du Cameroun.

#### 2.3.2.2. Les travaux effectués sur l'Afrique

Jusqu'à présent, le GIEC fournit des estimations chiffrées sur les impacts du changement climatique par grande région, notamment pour l'Afrique et l'Europe. Les dommages macroéconomiques dus au changement climatique sont également évalués par des études (Mendelsohn et al., 2000 ; Mendelsohn et Bennett, 1997 ; Tol, 2002b, a) par grande région. Le nombre d'habitants confrontés à un risque accru de stress hydrique ainsi que la hausse du nombre d'habitants touchés par les inondations côtières ou exposés au risque de sous-nutrition par grande région (Afrique, Europe). L'Afrique est souvent identifiée comme très vulnérable avec des pertes de PIB de l'ordre de 8 % pour un doublement de la concentration du CO2. Cependant, ces résultats sont incertains, car certains processus techniques et économiques ne sont pas représentés. Plus largement, l'évaluation économique des dommages futurs reste difficile en raison de la dépendance vis-à-vis du modèle de développement choisi pour les décennies à venir et de la capacité de réaction pour faire face au défi climatique (Hallegatte et al., 2007).

Les auteurs de l'étude sur l'Afrique de Stern Review sont parvenus aux conclusions suivantes (Nkomo et al, 2006) :

Afrique subsaharienne

- De nombreuses régions vulnérables, comptant des millions de personnes, sont susceptibles d'être affectées défavorablement par le changement climatique, y compris les écosystèmes mixtes arides et semi-arides du Sahel, les écosystèmes de prairies arides et semi-arides de certaines parties d'Afrique orientale, les écosystèmes de la région des Grands Lacs en Afrique orientale, les régions côtières d'Afrique orientale ainsi que la plupart des zones les plus sèches d'Afrique australe (Thornton et al 2006) ;
- Les pénuries d'eau s'aggraveront à mesure que les précipitations deviendront plus irrégulières, que les glaciers reculeront et que les rivières s'assécheront. Même si de nombreuses incertitudes demeurent quant au débit du Nil, plusieurs modèles prédisent une diminution du débit du fleuve, avec neuf scénarii récents concernant les impacts climatiques allant de l'absence de changement à une réduction du débit de plus de 75 % d'ici 2100. Ceci aura un impact substantiel sur les millions de personnes dont les intérêts divergents dépendent du débit du fleuve ;

- De nombreuses grandes villes d'Afrique, soit côtières soit proches des côtes pourraient subir de graves dommages du fait de la montée des océans. Selon les données nationales transmises à la CCCC, une montée de 1 mètre du niveau des océans (un scénario plausible d'ici la fin du siècle) pourrait provoquer la submersion complète de la capitale de la Gambie, et des pertes de plus de 470 millions $ US au Kenya en raison des dommages qu'un tel scénario occasionnerait à trois cultures du pays (mangues, noix de cajou et noix de coco).

Afrique du Nord

- La région possède déjà des ressources d'eau douce très limitées et connaît de véritables difficultés pour faire face aux besoins d'une population en forte croissance. La majeure partie de la région, si ce n'est la région tout entière, peut être défavorablement affectée par les modèles pluviométriques en pleine mutation du fait du changement climatique. 155 à 600 millions de personnes supplémentaires risquent de souffrir de la pression accrue sur les ressources hydriques en Afrique du Nord avec une augmentation de température de 3 °C ;

- La réduction des ressources hydriques disponibles combinée une légère hausse des températures réduira la productivité agricole et, dans certaines régions, rendra certaines cultures non viables. Les rendements de maïs en Afrique du Nord, par exemple, pourraient chuter de 15 à 25 % avec une augmentation de température de 3 °C, selon un rapport récent ;

- Certaines parties de la région, notamment le delta du Nil et la côte du Golfe de la péninsule arabique, sont en outre vulnérables aux inondations pouvant être provoquées par la montée des océans, ce qui pourrait occasionner des pertes de terres agricoles et/ou des menaces pour les villes côtières. D'autres zones sont menacées par la désertification.

Ces travaux bien qu'intéressants, n'ont pas traité des effets du changement climatique sur les ressources hydriques pour le cas particulier du Cameroun.

### 2.3.2.3. Les travaux sur le Cameroun

L'analyse des impacts du changement climatique au Cameroun montre que ce pays subit les conséquences de l'évolution climatique dans presque tous les secteurs concernés par le développement (PNUE 2000 et MINEF 2001). Cause principale de maladie et de décès au Cameroun, le paludisme serait en hausse, notamment par suite de l'augmentation des températures. Les prévisions relatives au changement climatique au Cameroun montrent également une baisse du volume et de la prévisibilité des précipitations. Des données statistiques indiquent que la pluviosité a déjà diminué de plus de 2 % par décennie depuis 1960 (Molua et Lambi 2007). Ainsi, l'assèchement des cours d'eau et de la nappe phréatique dû à la baisse de la pluviométrie et à la hausse des températures (avec les conséquences que cela induit en matière de fourniture d'eau, non seulement d'eau potable, mais aussi pour les différentes activités agricoles) constitue un problème majeur pour les régions sèches du Cameroun. La faible disponibilité en eau dont principalement la question d'accès à l'eau potable a des répercussions sur la santé des populations et surtout celle des groupes vulnérables tels les enfants et les femmes. De plus, les femmes pour avoir accès à cette ressource doivent très souvent parcourir de très longues distances.

La vulnérabilité du Cameroun au changement climatique est exacerbée par les faits suivants. (1) La pauvreté aggrave les impacts de l'évolution de l'environnement et réciproquement : au Cameroun, la majeure partie des catastrophes naturelles récentes ont été liées au climat, à des facteurs météorologiques et à l'eau (Ayanji 2004, Molua et Lambi 2007, Molua 2008) ; (2) les moyens d'existence des populations dépendent fortement de ressources vulnérables au changement climatique : l'agriculture au Cameroun, non irriguée à 90 %, représente plus de 70 % des emplois du pays et constitue la troisième source de devises pour l'État, après les exportations de produits pétroliers et de bois, et plus de 40 % du produit intérieur brut (Hassan 2006, Molua et Lambi 2007) ; (3) la capacité d'adaptation des populations est faible : les populations les plus pauvres dans les régions vulnérables au changement climatique, telles que la région soudano-sahélienne et le littoral ont déjà du mal à faire face aux évènements météorologiques extrêmes et aux fluctuations climatiques actuelles. La fréquence et la gravité accrues des chocs climatiques finissent par porter atteinte aux capacités d'ajustement des populations dans la plupart de ces régions.

Les domaines camerounais les plus vulnérables sont les secteurs de l'énergie, de la santé, de l'agriculture et de la sécurité alimentaire, et des ressources en eau (PNUE 2000, MINEF 2001). Pour mettre en évidence les modifications climatiques (variabilité, changement climatique, etc.) dans un bassin hydrographique donné, les variables les plus adaptées sont par ordre d'importance : le débit des rivières, le niveau des lacs, les précipitations et la température de l'air (Mitosek, 1992).

L'évapotranspiration au Cameroun à variation spatiale considérable avec le climat augmente du sud au nord du pays. Olivry (1986) a présenté des informations sur cette variation de l'évapotranspiration (ET) au Cameroun calculé à base de l'équation de Turc. À la frontière avec le Gabon et la Guinée Équatoriale l'ET annuel est environ 1100 mm, et augmente pour atteindre 1200 mm environ autour de Yaoundé. Dans l'Ouest sur la ligne qui joint Foumban-Bertoua, il est d'environ 1300 mm. À Ngaoundéré, il atteint 1500 mm, 1900 mm à Garoua, 2000 mm dans Maroua et plus de 2200 mm à Kousseri.

Il n'a pas été facile d'avoir accès aux données récentes sur les débits des cours d'eau et les niveaux des lacs du Cameroun. En effet, les observations du réseau hydrométrique sont arrêtées sur la quasi-totalité du territoire depuis près de deux décennies. De même, le pays ne possède pas d'un réseau fiable de piézomètres pour le suivi des eaux souterraines. Quant aux données pluviométriques journalières et de températures de l'air, elles sont très chères, l'accès est difficile et la répartition du nombre de stations météorologiques au niveau national n'est pas assez représentative de la superficie des différents bassins hydrographiques du Cameroun.

Le bassin septentrional du Lac Tchad reste la région la plus touchée et la plus vulnérable aux aléas du climat (variabilité et changement climatiques). Dans ce bassin, les températures ont généralement augmenté et les déficits pluviométriques annuels sont également bien établis. Ces derniers sont compris entre -6 % et -12 % et correspondent à la sécheresse qui sévit en Afrique occidentale et centrale depuis les années 1970 (1972-1973) et 1980 (1984 et 1987) (Sighomnou, 2004). Cette situation a pour conséquence la baisse des niveaux d'eau des principaux cours d'eau de la région, des lacs, des mares et même des eaux souterraines. À cet effet, le Lac Tchad s'est considérablement réduit pendant les quatre dernières décennies. Dans les années 1960, il couvrait au Cameroun un secteur de plus de 26 000 km$^2$. En 2000, il était tombé à moins de 17 000 km$^2$. Sa superficie actuelle est d'environ 2500 Km$^2$ pour un volume d'eau variant entre 30 et 100 milliards de mètres cubes. Les pertes au niveau du Lac Tchad sont estimées à environ 2,3 m$^3$ d'eau par an, essentiellement par évaporation, mais dans une proportion non négligeable par infiltration (CBLT et FEM, 2005 ; UICN et CBLT, 2007 ; CBLT et UE, 2007). La navigation y est actuellement impossible et afin de pallier ce problème, la Commission du Bassin du Lac Tchad (CBLT) étudie le projet de transférer les eaux du bassin du Congo (Oubangui) vers le bassin du lac Tchad.

Le cours d'eau Logone, principale ressource en eau de la plaine, n'est pas resté en marge de ce phénomène. Les crues du Logone à la station de Bongor sont passées d'une moyenne de 2200 m$^3$/s avant 1970 à 1410 m$^3$/s après, soit un déficit de 790 m$^3$/s (36 % de déficit). Les basses eaux (ressources exploitables en saison sèche) ont connu une situation plus alarmante. Les écoulements sont passés d'une moyenne de 48 m$^3$/s avant la sécheresse à une moyenne de 22 m$^3$/s après (soit 55 % de déficit) (Lienou et al., 1999 ; Lienou, 2001 ; UICN et CBLT, 2007). Certaines années se distinguent par leur extrême sécheresse. C'est le cas des années 1984 et 1987 pour lesquelles les crues du Logone n'ont atteint que 500 et 700 m$^3$/s. Plusieurs points d'eau (mares) se sont asséchés et la plaine de Waza Logone n'est plus assez inondée rendant ainsi le bassin septentrional du Lac Tchad très fragile. Les débits de certains Mayos ont également diminué ; c'est ainsi que l'analyse des écoulements du Mayo-Tsanaga à Bogo montre que les débits sont passés de 8,7 m$^3$/s à la fin des années 1960 à 3,6 m$^3$/s au début de la décennie 2000, soit une diminution supérieure à 50 % (Lienou *et al.*, 2009).

En définitive, la variabilité et le changement climatique ont pour impacts la baisse de la disponibilité de l'eau du bassin septentrional du Lac Tchad avec pour conséquences, la persistance de la sécheresse et l'exacerbation de la compétition pour l'accès à l'eau. Ce qui crée un terrain propice à la tension voire aux conflits entre agriculteurs, éleveurs, pêcheurs autour de la ressource en eau. Parmi les zones de tensions potentielles dans ce bassin, on peut citer la plaine de Waza Logone. De même les évènements extrêmes (crues dévastatrices, sécheresses, changements brusques de températures) ponctuent la variabilité et le changement climatique et semblent devenir plus fréquents dans le bassin septentrional du Lac Tchad. Leurs coûts environnementaux et socio-économiques sont souvent très élevés. Ce qui entraîne d'énormes pertes humaines et matérielles.

Le bassin du Niger (et surtout la partie septentrionale) est également touché par les aléas de la variabilité et du changement climatique. Les déficits pluviométriques observés sont compris grosso modo entre -6 % et -12 %. Ces valeurs sont relativement faibles par rapport aux baisses enregistrées dans d'autres sous-bassins du Niger situés en Afrique de l'Ouest où la moyenne des déficits pluviométriques tourne autour de -20 %. Cette baisse des pluies combinée à l'influence du barrage de Lagdo a pour conséquence l'envasement, le comblement et la sédimentation du lac et du lit de la Bénoué. La sécheresse chronique résultant de la variabilité et du changement climatique joue un rôle d'accélérateur de la désertification qui, elle-même, contribue à la persistance de la sécheresse dans le bassin septentrional de la Bénoué. Cette boucle de rétroaction couplée à la forte pression foncière dans la zone est de nature à contribuer à l'accélération de l'avancée du désert.

Malgré la présence de nombreux barrages (régulation et hydroélectrique), le bassin de la Sanaga est également soumis à l'influence de la variabilité et du changement climatique (Sighomnou, 2004 ; Sighomnou et al., 2007 ; Dzana *et al.,* 2009). Le bassin de la Sanaga est ainsi marqué par une alternance de saisons humides (1945–46 à 1969–70) et sèches (1971-72 à 1973-74 et 1982-83 à 1987-88). Le déficit pluviométrique annuel est d'environ -12 %. Dans l'ensemble, les mois de la saison sèche sont plus affectés par cette baisse pluviométrique que ceux de la saison humide.

Au niveau des écoulements, on note une baisse des modules de la Sanaga à partir du début de la décennie 1970. Cette baisse est de plus en plus marquée à partir de la décennie 1980 et se poursuit jusqu'à la fin du siècle en dépit de quelques années humides. La comparaison des écoulements des périodes d'avant et après la rupture de 1970 montre une diminution du module de la Sanaga de l'ordre de 15 % après cette date. Cette valeur est voisine du déficit moyen (— 14 %) enregistré sur les cours d'eau de la région Sud du Cameroun (Sighomnou, 2004).

Malgré l'absence de données récentes sur les débits des cours d'eau camerounais, l'utilisation des modèles mathématiques et les analyses des données hydroclimatiques disponibles ont permis d'identifier et de simuler pour le 21e siècle, les manifestations de la variabilité et du changement climatiques et de la sécheresse observée depuis une trentaine d'années en particulier, sur les paramètres du bilan hydrologique de la Sanaga (Sighomnou *et al.*, 2007, Dzana *et al.*, 2009). On note dans l'ensemble que les données issues des deux modes de construction sont différentes entre elles. Après une période 2000-2050 où les précipitations moyennes sur le bassin de la Sanaga restent globalement comparables à celles de la période récente, une légère reprise des précipitations s'amorce pour atteindre un maximum de l'ordre de +7 % vers la fin du 21e siècle pour le scénario B. L'ETP moyenne annuelle croît par contre graduellement suivant l'ensemble des scénarii, pour atteindre un maximum de + 26 % à + 33 % suivant le cas vers la fin du siècle. Les écoulements quant à eux varient entre +4 et -20 % (soit + 18 à -93 mm/an de lame écoulée sur le bassin) suivant le scénario. En prenant en compte dans le modèle la régulation des débits de la Sanaga à partir de 1970, les variations des écoulements ont été également calculées par rapport à la période 1943-1969 connue dans la région pour son caractère humide. Les deux scénarii testés prévoient des écoulements plus faibles (-10 à -32 %, soit -52 à -162 mm/an en termes de lame écoulée). La planification des usages des ressources en eau de ce bassin au cours du 21e siècle devrait tenir compte de ces principales conclusions. Les eaux de la Sanaga sont utilisées de nos jours principalement pour l'hydroélectricité.

Les pluies moyennes interannuelles obtenues actuellement dans le bassin des fleuves côtiers sont dans l'ensemble inférieures par rapport aux moyennes régionales obtenues antérieurement. Ceci s'explique par la baisse généralisée des pluies observée ces dernières années. Les valeurs annuelles de pluies et débit ont diminué lors des phases aigües de sécheresse (1972 à 1975 et 1983 à 1986). Ce déficit est variable suivant les régions : -20 % autour de la région très pluvieuse du Mont Cameroun et dans certaines stations de la zone côtière. On a décelé une rupture en 1972 à la station d'Eséka avec un déficit de -12 % de part et d'autre de la rupture ; à la station d'Abong Mbang située plus à l'Est, la rupture se produit en 1975 avec un déficit de -4 %. Les déficits au niveau des pluies annuelles sont compris entre -2 % et -20 % (Lienou *et al.*, 2008, Ndam, 2009 ; Bineli, 2009).

La variabilité climatique la plus significative résulte des modifications des pluies des « saisons sèches "qui induisent une tendance à un changement à long terme du déroulement du cycle hydrologique annuel. En effet, l'étude des pluies mensuelles et des débits mensuels montre une modification du régime hydropluviométrique qui se caractérise par une diminution des pluies de la grande saison sèche (décembre à mars), des deux saisons de pluies (avril à juin et septembre à novembre) et une augmentation des pluies de la petite saison sèche (juillet et août). On tend ainsi à passer graduellement d'un régime équatorial et bimodal à quatre saisons à un régime tropical et unimodal à deux saisons. Les modules du Nyong ont également enregistré une baisse d'environ -13 % entre la période actuelle (1998 à 2007) et la période antérieure (1951 à 1977) avec des étiages beaucoup plus sévères. L'accroissement des débits observés dans certains petits bassins versants comme le Mfoundi et la Mefou peut être expliqué par une augmentation du coefficient de ruissellement suite à la dégradation du couvert végétal et du sol. En effet, le nombre de jours de pluie a baissé d'environ -14 % contre une baisse de -9 % pour les pluies annuelles. Ce qui se traduit par une augmentation des pluies exceptionnelles qui sont souvent à l'origine des inondations spectaculaires qui sont actuellement observées à Yaoundé et Douala.

L'une des conséquences de la détérioration générale du climat dans le bassin des fleuves côtiers est la prolifération des végétaux flottants (salade d'eau, jacinthe d'eau, typha, etc..), du fait notamment de la réduction de la vitesse d'écoulement des cours d'eau, du changement de leur régime et de leur température ainsi que de la détérioration de la qualité des eaux (exemple du Nyong, lac municipal de Yaoundé, Wouri, etc.). Ces végétaux favorisent l'évapotranspiration et entravent la pêche, la navigation, le fonctionnement des aménagements hydroagricoles et hydroélectriques. Ils offrent également les conditions idéales pour la multiplication des vecteurs des maladies hydriques comme le paludisme, la bilharziose et l'apparition de nouvelles maladies (exemple fièvre de la vallée du Rift). Ces macrophytes asphyxient enfin plusieurs plans d'eau de la région, y compris des zones humides dont la biodiversité est reconnue d'importance mondiale.

Toutefois, l'ensemble de ces travaux se sont appesantis principalement sur les impacts biophysiques que le changement climatique fait subir à la ressource hydrique et ses conséquences probables sur l'accès à l'eau potable au Cameroun. Ils ont ignoré cependant d'analyser l'impact du changement climatique sur l'offre de l'eau potable et particulièrement sur le coût de production de l'eau potable dans la ville de Douala qui n'a pas été pris en compte par l'ensemble de ces travaux.

# CHAPITRE II

# CADRE MÉTHODOLOGIQUE

*« L'accumulation des matériaux sur le chantier est une condition nécessaire, mais insuffisante pour assurer la construction du bâtiment... Sans un minimum d'outillage conceptuel, le chercheur se trouve en face d'une masse indistincte de faits dont il est hors d'état de se servir ».* ***Marcel Merle***

L'impact du changement climatique sur les ressources hydriques est souvent analysé suivant deux méthodes d'analyse. Il s'agit de la méthode des scénarii (Lepage M. P., Bourdages L., Bourgeois G., 2011 ; Guivarch C., Rozenberg J., 2013 ; GIEC 2000) et de la méthode coûts-bénéfices (CEPRI, 2011 ; Chegrani P., 2006 ; Colombano S. et al., 2010 ; Harris J. M., Roach B. et Codur A. M., 2014), toutes les deux sont des méthodes prédictives. Le choix de ces deux outils d'estimation se justifie par le fait que des incertitudes entourent les impacts du changement climatique sur les biens tant marchands que non marchands. La méthode des scénarii permet de faire des projections sur les évolutions probables du climat et ses dommages biophysiques possibles sur les ressources hydriques, ce qui va ainsi nous permettre d'atteindre les quatre premiers objectifs de notre étude, à savoir :

6- Déterminer l'évolution des températures de la ville de Douala ;
7- Déterminer l'évolution du niveau de la mer à Douala ;
8- Déterminer la vitesse d'évolution du trait de côte de la ville de Douala ;
9- Déterminer l'impact du changement climatique sur la qualité des eaux de la ville de Douala.

La méthode coûts-bénéfices quant à elle, permet de déterminer les coûts de production supplémentaires d'eau potable induits par ce changement dans la ville de Douala, ce qui correspond au cinquième objectif de ce travail de recherche. Cette méthode permet en effet de prendre en compte la perte ou le gain de bien-être réel et potentiel subis par les agents, et ceci en monétisant les impacts biophysiques du changement climatique sur les ressources hydriques.

Le présent chapitre présente ces deux méthodes.

## 3.1. PRÉSENTATION DE LA ZONE D'ÉTUDE

Située sur la rive gauche du Wouri, à 30 km de la mer, la ville de Douala s'étend sur une zone basse semée de dépressions marécageuses. Douala est limité au Nord par la région de l'Ouest, au Sud par la région du Sud à l'Est par la région du Centre et à l'Ouest par la région du Sud-Ouest. La population de la région du Littoral est estimée à 2 704 131 habitants, et celle de Douala à 2 067 109 habitants (MINPAT 2005) avec un taux d'accroissement de 3,5 % par an. Douala est la capitale économique du Cameroun et le principal centre des affaires. On y dénombre en effet, environ 103 entreprises agro-industrielles, 180 entreprises du secteur de l'artisanat et 340 entreprises industrielles (SECOD, 2005).

Parmi ces industries, on peut citer : les industries agroalimentaires, de boissons et de tabacs, de textiles, les industries du secteur chimique et ciments/métallurgie. Concernant les industries agroalimentaires, elles peuvent être regroupées en six catégories à savoir : les chocolateries, les confiseries, les minoteries, les unités de production des cubes alimentaires, des huiles raffinées et des pâtes alimentaires. Les industries de boissons et tabacs implantées à Douala sont au nombre de cinq (SABC, Guinness Cameroun, UCB, ISENBECK SA et SITABAC). Dans le textile, nous avons la CICAM spécialisée dans la production de pagnes et des tissus éponges et la SOLICAM qui achètent et transforment les tissus éponges en serviettes et autres linges de maison. Les industries du secteur chimique et ciments/métallurgie opèrent dans la production des piles, des allumettes, des médicaments, des détergents, des produits cosmétiques, du ciment (CIMENCAM) et des tôles (ALUCAM).

Ces entreprises industrielles sont réparties dans les deux zones industrielles que compte Douala à savoir :

- La zone industrielle de Bonabéri avec une superficie de 72 hectares. On peut y accéder par voies maritime, ferroviaire et routière (RN numéro 2).

- La zone industrielle de Bassa d'une superficie de 115 hectares, elle est desservie par voies ferroviaire, routière et aéroportuaire.

Le type de climat qui règne à Douala est qualifié de climat équatorial de type camerounien qui s'étend jusqu'à l'embouchure de la Sanaga. La surabondance des pluies qui le caractérise est due à la proximité de la mer. Les pluies tombent en une seule saison annuelle de neuf mois ; la courte saison sèche correspondant à un simple fléchissement des précipitations.

La fourniture de l'eau potable dans cette ville est faite majoritairement par la Camerounaise des Eaux. Cette entreprise capte les eaux douces qu'elle traite dans trois principaux centres à savoir :

- La station de captage et de traitement de Yato situé sur le fleuve Moungo ;
- La station de captage et de traitement de la Dibamba situé sur le fleuve Dibamba ;
- Et la station de traitement de Japoma.

## 3.2. LA MÉTHODE DES SCÉNARII

### 3.2.1 Origine et définitions

Cherchant à faire de l'invention une routine, l'un des pionniers de la prospective est indubitablement l'astronome d'origine suisse Zwicky. Par l'intermédiaire de sa méthode d'analyse morphologique, il propose, dès 1942, de décomposer les systèmes techniques en composantes, puis en configurations, la combinaison des configurations ainsi listées permettant alors de couvrir l'intégralité du champ des possibles. Avec l'analyse morphologique, la préparation de l'avenir entre dans une phase nouvelle, visant une approche « scientifique » du futur. Cependant c'est avec la création de la RAND, et l'action du général Arnold et du spécialiste de la dynamique des fluides Theodor von Karman, que la prospective acquiert ses premières « lettres de noblesse ». Eric Jantsch (1968) résume les apports des travaux de von Karman à la prospective technologique en trois points :

- Il remplace la réflexion intuitive par une analyse complète et approfondie dans un cadre temporel bien déterminé (15 à 20 ans) ;

- Il examine les limites fondamentales, les possibilités fonctionnelles et les paramètres clés, au lieu d'essayer de décrire en termes précis les systèmes techniques fonctionnels futurs ;
- Il met l'accent sur l'évaluation des diverses combinaisons possibles de techniques fondamentales, c'est-à-dire sur la détermination des options technologiques possibles pour l'avenir.

En réalité, il n'existe pas d'approche unique en matière de scénarii ; ceux-ci ont été introduits en prospective par Herman Kahn (1967) aux États-Unis et par la Datar en France. Aujourd'hui, la méthode des scénarii développée à la Sema puis au Cnam (Godet, 1997) d'une part et la méthode formalisée par les consultants du SRI (voir Schwartz, 1993) d'autre part, sont les démarches les plus fréquemment citées et adoptées. Les différentes étapes de ces deux méthodes ne diffèrent guère. S'appuyant sur une formalisation plus poussée, la première met cependant davantage l'accent sur l'examen systématique des futurs possibles.

La méthode des scénarii vise à construire des représentations des futurs possibles, ainsi que les cheminements qui y conduisent. L'objectif de ces représentations est de mettre en évidence les tendances lourdes et germes de rupture de l'environnement général et concurrentiel de l'organisation. Un scénario est une représentation cohérente de ce qui pourrait advenir dans le futur (Porter, 1985). La méthode des scénarii a été mise au point principalement pour les besoins des entreprises (Porter, 1985 ; Ringland, 2002).

Elle fut officiellement utilisée pour la première fois au début des années 1970 par Shell International, encore secouée par le choc pétrolier qui avait doublé le prix du baril de brut (Wack, P., 1984 ; Shell, 2000). Les méthodes de planification traditionnelles s'étaient en effet révélées incapables d'intégrer des variables aussi instables. Évoquant dans des termes similaires l'évolution des grandes villes modernes au tournant du millénaire, le maire de Chicago a décrit de manière frappante ce niveau d'incertitude : « Les villes bougent très vite. La rationalité traditionnelle, y compris celle qui tire les leçons du passé immédiat, ne suffit plus à nous guider, même vers l'avenir immédiat ». (Buchan et Roberts, 2002).

La méthode des scénarii ou la stimulation a pour principal objectif d'apporter une aide au développement et à l'examen de stratégies[20] efficaces. Les scénarii sont donc un instrument d'appui permettant de penser l'avenir stratégiquement en vue d'une planification à long terme. En effet, si la méthodologie des scénarii trouve sa meilleure application dans la planification stratégique à long terme, elle est souvent moins indiquée pour le court et le moyen terme. Les scénarii déploient toutes leurs possibilités dans les situations où les incertitudes liées à l'avenir l'emportent sur les certitudes.

On distingue en fait deux grands types de scénarii (Jouvenel, 1993, Godet, 1997) à savoir, les scénarii :

- exploratoires : partant des tendances passées et présentes et conduisant à des futurs vraisemblables,
- d'anticipation ou normatifs : construits à partir d'images alternatives du futur, ils pourront être souhaités ou au contraire redoutés. Ils sont conçus de manière rétro projective.

Ces scénarii exploratoires ou d'anticipation peuvent par ailleurs, selon qu'ils prennent en compte les évolutions les plus probables ou extrêmes, être tendanciels ou contrastés.

### 3.2.2. Une méthodologie bien établie

La planification de scénarii repose sur une méthode flexible qui peut être adaptée aux circonstances particulières. Cela ne signifie pas qu'elle soit flexible à l'infini, ou dépourvue de règles et de principes. En cela, elle n'est pas comparable aux techniques scientifiques telles que les prévisions macroéconomiques, ou celles relatives au marché de l'emploi (Godet 1997). Elle fournit néanmoins un outil systématique permettant d'identifier les moteurs et de concevoir des évolutions plausibles.

Cette méthodologie concerne le déploiement de scénarii dans le futur, ces scénarii faisant ensuite office de lentille optique ou de « soufflerie » permettant d'explorer les possibilités, les difficultés et le détail de chaque stratégie particulière telle qu'elle se présente dans le scénario

[20] Une stratégie est une politique ou un cheminement permettant d'atteindre des buts et des objectifs généraux (Hindle, 2001, p. 167/8).

(Ducharne et al 2009). Il ne s'agit donc pas d'un outil convergent permettant de deviner d'emblée un futur univoque et inévitable. La méthode des scénarii se caractérise par sa manière d'aborder l'incertitude, par la richesse et la clarté des données qu'elle offre à la discussion et par sa capacité de nourrir une réflexion originale permettant de faire avancer le processus de planification dans une organisation ou un réseau.

La construction de scénarii fait appel à une méthodologie bien établie, mais très différente de l'investigation scientifique. Les scénarii sont fondés sur des éléments factuels et sur des analyses, mais requièrent aussi de l'imagination et un mode de pensée capables de dépasser les changements à court terme. La réflexion en termes de scénarii s'avère être un outil pratique d'appui à la prise de décision dans un environnement complexe et des circonstances incertaines. C'est pourquoi cette méthode vient compléter, et non pas remplacer, les méthodes scientifiques. La construction des scénarii se fait suivant deux grandes étapes.

#### 3.2.2.1 Construction de la base

Cette phase joue un rôle fondamental dans la construction du scénario. Elle consiste à construire un ensemble de représentations de l'état actuel du système constitué par l'organisation et son environnement. Contrairement à d'autres démarches d'élaboration de politiques, la méthode des scénarii est fondée sur des données factuelles ; elle exige des participants une remise en question permanente et ne néglige aucune des incertitudes liées aux environnements extérieurs. Les stratégies sont à leur tour révisées en permanence. La base est donc l'expression d'un système d'éléments dynamiques liés les uns aux autres, système lui-même lié à son environnement extérieur.

Il convient donc de :

1) délimiter le système et son environnement ;
2) déterminer les variables essentielles ;
3) analyser la stratégie des acteurs.

Pour réaliser le point 1, l'analyse structurelle se révèle être un outil classiquement utilisé. Sur les variables issues de l'analyse structurelle, on réalisera une étude rétrospective approfondie aussi chiffrée et détaillée que possible. Cette analyse rétrospective évite de privilégier exagérément la situation actuelle que l'on a toujours tendance à extrapoler pour le futur. L'analyse des tendances passées est en effet révélatrice de la dynamique d'évolution du système et notamment du rôle plus ou moins moteur ou frein que peuvent jouer certains acteurs. Il existe plusieurs méthodes d'investigation pour bien consolider et approfondir ses scénarii. Dans un premier temps, il s'agit de saisir clairement non seulement les aspects connus du futur que l'on veut analyser, mais aussi ceux qui ne peuvent pas encore être pronostiqués. Dans un deuxième temps, cette analyse des tendances sera confrontée à l'analyse des opinions de stratèges et d'autres experts.

Le principal atout des méthodes des scénarii est leur capacité à orienter la pensée vers le moyen et le long terme et de considérer un futur allant des cinq aux vingt années à venir.

#### 3.2.2.2. Balayage du champ des possibles, réduction de l'incertitude et construction des scénarii

Les variables clés étant identifiées, les jeux d'acteurs analysés, on peut repérer les futurs possibles par une liste d'hypothèses traduisant par exemple le maintien d'une tendance, ou au contraire sa rupture. On peut faire ici appel à l'analyse morphologique. À l'aide des méthodes d'experts, on pourra ensuite réduire l'incertitude en estimant les probabilités subjectives d'occurrence de ces différentes combinaisons ou des différents évènements clés pour le futur. Certaines parties de l'évolution du système peuvent donner lieu à la mise au point de modèles partiels et faire l'objet de traitements informatiques. Mais les chiffres ainsi calculés n'ont qu'une valeur indicative : ils illustrent l'évolution du système et permettent d'effectuer un certain nombre de vérifications sur sa cohérence.

Les scénarii constituent un éclairage indispensable pour orienter les décisions stratégiques. La méthode des scénarii peut aider à choisir, en mettant le maximum d'atouts de son côté, la stratégie qui sera la plus à même de réaliser le projet qu'on s'est fixé. Son cheminement logique (délimitation du système, analyse rétrospective, stratégie des acteurs, élaboration des scénarii) s'est imposé à l'occasion de plusieurs dizaines d'études prospectives. Cependant, si le cheminement de la méthode des scénarii est logique, il n'est pas indispensable de le parcourir de A à Z.

La méthode des scénarii est une approche modulaire. On peut au besoin, se limiter à l'étude de tel ou tel module, par exemple, l'analyse structurelle pour la recherche des variables clés, l'analyse de la stratégie des acteurs ou l'enquête auprès d'experts sur les hypothèses clés pour le futur.

En général, les scénarii sont élaborés de manière analytique en considérant plusieurs moteurs du changement à la fois. On peut penser que l'action des principaux moteurs du changement ne dépend pas des acteurs qui définissent les stratégies. C'est d'ailleurs pourquoi il est si difficile de concrétiser un scénario. Nous pouvons donc tester un bon scénario en jugeant sa capacité à représenter les contextes généraux pouvant se manifester à l'avenir, indépendamment des possibilités stratégiques que détiennent les différents acteurs, ou d'autres variables qui leur sont attachées.

La capacité d'identifier les incertitudes clés de l'environnement et les tendances « gagnantes » sont aussi un aspect important du processus, en même temps que celle de reconnaître les facteurs qui façonnent, impulsent ou sapent le changement. Cela devrait inciter les acteurs clés à considérer un large éventail de stratégies et de politiques, et leur évolution dans plusieurs circonstances.

De même, l'on se contente le plus souvent de présenter des images insistant sur des tendances lourdes, des ruptures ou des évènements clés, sans toujours préciser les cheminements.

Godet a ainsi résumé la démarche de la méthode des scénarii par le graphique ci-dessous.

**La méthode des scénarii**

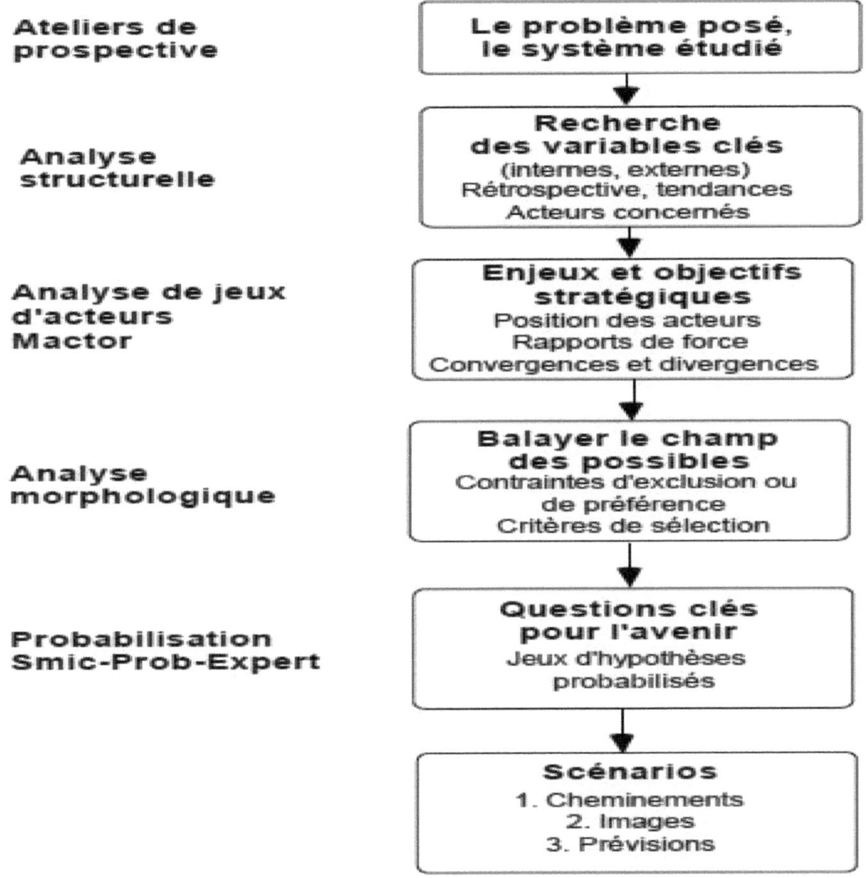


Source : Godet, 1997

### 3.2.3. Critères d'efficacité des stimulations ou des Scénarii

Les scénarii bien construits se reconnaissent à un certain nombre de critères. Pour être fonctionnels, ils doivent être plausibles, cohérents, motivants et stimulants pour les parties prenantes concernées par la planification stratégique et, bien sûr utiles. Chacun de ces aspects est rapidement présenté ci-après.

#### 3.2.3.1. Plausibilité ou pertinence

Pris ensemble, les différents éléments d'un scénario doivent composer un récit sur le déroulement du futur qui paraisse plausible. C'est en prenant en compte l'impact potentiel de tous les moteurs susceptibles de propulser ou d'inhiber le changement en repérant les changements pouvant se produire quel que soit le scénario, et en accordant une attention particulière aux aspects du futur dont l'évolution est la plus difficile à prévoir, que l'on obtient cette qualité de plausibilité. Les scénarii plausibles donnent aux parties prenantes des images du futur, telles que les récits les projettent, auxquelles ils peuvent s'identifier ; de même, les alternatives proposées leur semblent réalistes à l'échelle temporelle donnée. De son côté, la série ou assemblage de scénarii doit décrire un éventail de futurs que les acteurs concernés percevront comme plausibles, compte tenu des paramètres tant prévisibles qu'incertains des prévisions.

#### 3.2.3.2. Cohérence interne

Chaque scénario donne une représentation singulière de l'environnement futur. Certaines évolutions majeures se retrouvent probablement dans chaque scénario, tandis que d'autres varient plus ou moins graduellement ou radicalement d'un scénario à l'autre. L'important est que les critères clés et les grands axes opèrent effectivement dans chaque scénario que l'on construit ou révise. Il est utile de rédiger un cadre écrit permettant de vérifier la cohérence des critères relatifs à la série entière de scénarii. Le cadre dresse la liste des facteurs qui doivent être décrits dans chaque scénario.

#### 3.2.3.3. Remise en question des postulats du présent

Les scénarii doivent interroger les postulats du présent. Ils ont pour but d'aider les gens à réfléchir sur un futur incertain, lorsque cela paraît particulièrement difficile. C'est pourquoi l'une des fonctions les plus importantes des scénarii consiste à susciter la réflexion des décideurs en dehors du cadre des conventions et de la rationalité dominante. Parvenir à un équilibre entre plausibilité et remise en question est une entreprise cruciale pour la dynamique de construction des scénarii. C'est précisément ce qui distingue les scénarii des méthodes de prévision traditionnelles.

#### 3.2.3.4. Attractivité pour les parties prenantes

Comme toute production écrite de qualité, les scénarii devraient recourir à des images et à un langage aussi puissant, concis et clair que possible, sans nuire pour autant au dessein de l'exercice. L'une des étapes du processus de construction de scénarii consiste à présenter les facteurs et les évolutions possibles dans un certain ordre, afin que les personnes concernées puissent se faire une idée claire du futur, faute de quoi celui-ci apparaîtrait comme complexe et inintelligible. Les scénarii doivent donc être aussi simples que possible. Cette recommandation ne porte pas seulement sur les contenus des scénarii. Le recours à des noms à forte portée métaphorique est recommandé, dans la mesure où ils captivent l'attention sur les scénarii. Plusieurs procédés ont été proposés pour rendre les scénarii plus vivants, depuis les présentations multimédias jusqu'aux biographies personnelles. L'inventivité apportée à la présentation des scénarii renforce leur impact intellectuel et créatif.

#### 3.2.3.5. Utilité pour le processus de planification stratégique

Les dialogues stratégiques ont pour but d'orienter la pensée vers la définition de stratégies efficaces dans un contexte de grande incertitude quant au déroulement du futur. L'utilité des scénarii est donc un critère majeur. Cette utilité porte sur deux aspects du processus. Le premier concerne la possibilité d'identifier et d'affiner les stratégies et les risques, ce qui reste hors de la portée d'une vision à court terme ou des prévisions unidirectionnelles. Le deuxième aspect concerne le fait que l'élaboration de scénarii est en soi un processus formateur. En manipulant les scénarii pour réfléchir aux tendances actuelles et aux stratégies, l'organisation ou le réseau améliore sa capacité de penser en termes de stratégie et de planification. Le dialogue stratégique est un outil opérant du bas vers le haut tout comme du haut vers le bas.

Dans le cadre de cette étude, on utilisera des simulations exploratoires pour déterminer l'évolution des températures, le niveau de la mer et le trait de côte à Douala.

### 3.2.4. Les étapes d'une étude d'impacts biophysiques du changement climatique

Afin d'anticiper les impacts possibles d'évolutions climatiques sur un territoire, une démarche descendante, dite « top-down », est généralement menée, basée sur une série de modélisations. La Figure 3.2 ci-après résume par exemple les étapes d'une évaluation des impacts du changement climatique sur les ressources en eau et leurs usages. Les modèles climatiques intègrent des scénarii d'émission de gaz à effet de serre, définis selon des hypothèses contrastées d'ordre social, économique, technologique et démographique.

Les variables climatiques issues des simulations par les modèles sont utilisées en données d'entrée de modèles qui schématisent le cycle hydrologique et établissent notamment un bilan intégrant les eaux de surface et/ou les eaux souterraines. Ces résultats peuvent ensuite être comparés à des scénarii d'évolution de demandes en eau, suivant des hypothèses sur les évolutions socio-économiques, démographiques et climatiques. Ces scénarii peuvent également prendre en compte des stratégies d'adaptation envisagées sur le territoire concerné. Les évènements extrêmes (sécheresses, tempêtes, inondations) peuvent éventuellement être intégrés dans les modélisations et contribuer à définir le risque lié au changement climatique sur un territoire.

Les variations de débit des cours d'eau, et par extension l'évolution des ressources en eau sont influencées par des facteurs climatiques, mais aussi par des facteurs anthropiques comme l'occupation du sol ou les aménagements hydrauliques (voir Figure 3.3). Ainsi, la plupart des bassins sont soumis depuis des siècles à des pressions anthropiques comme la croissance démographique, l'agriculture ou la déforestation, qui ont pu largement influencer les écoulements (Fabre, 2010).

**Les étapes d'une étude d'impacts du changement climatique.**

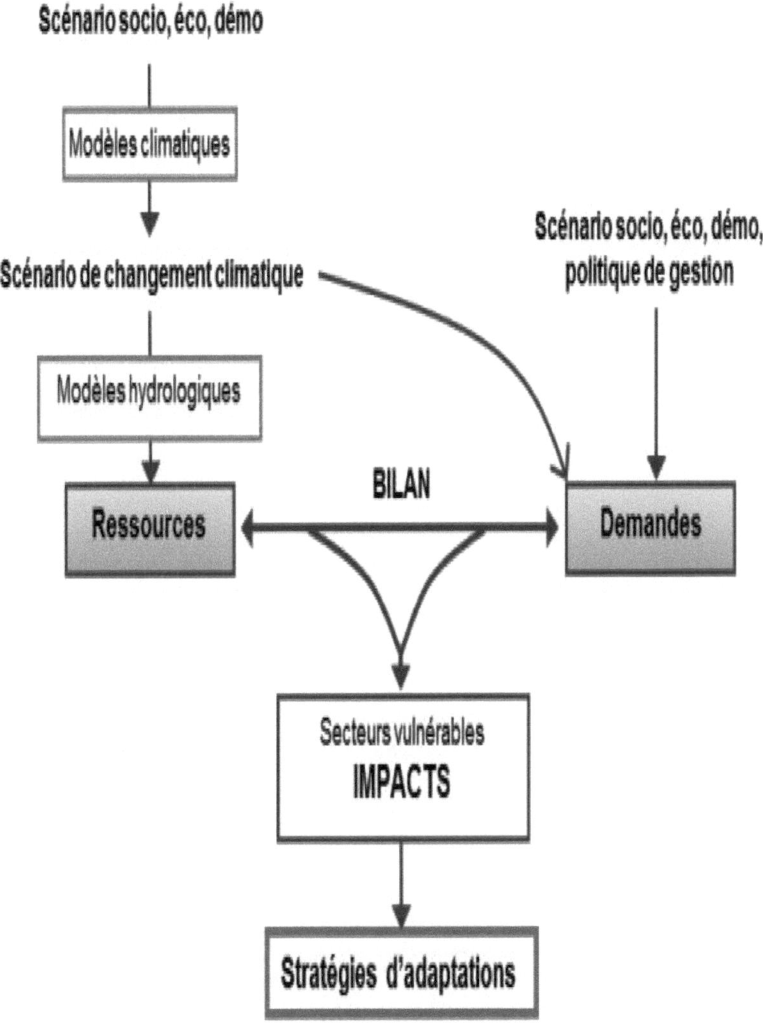


Source : Fabre, 2010.

**Facteurs influençant les variations des débits (moyenne annuelle et variabilité intra-annuelle).**

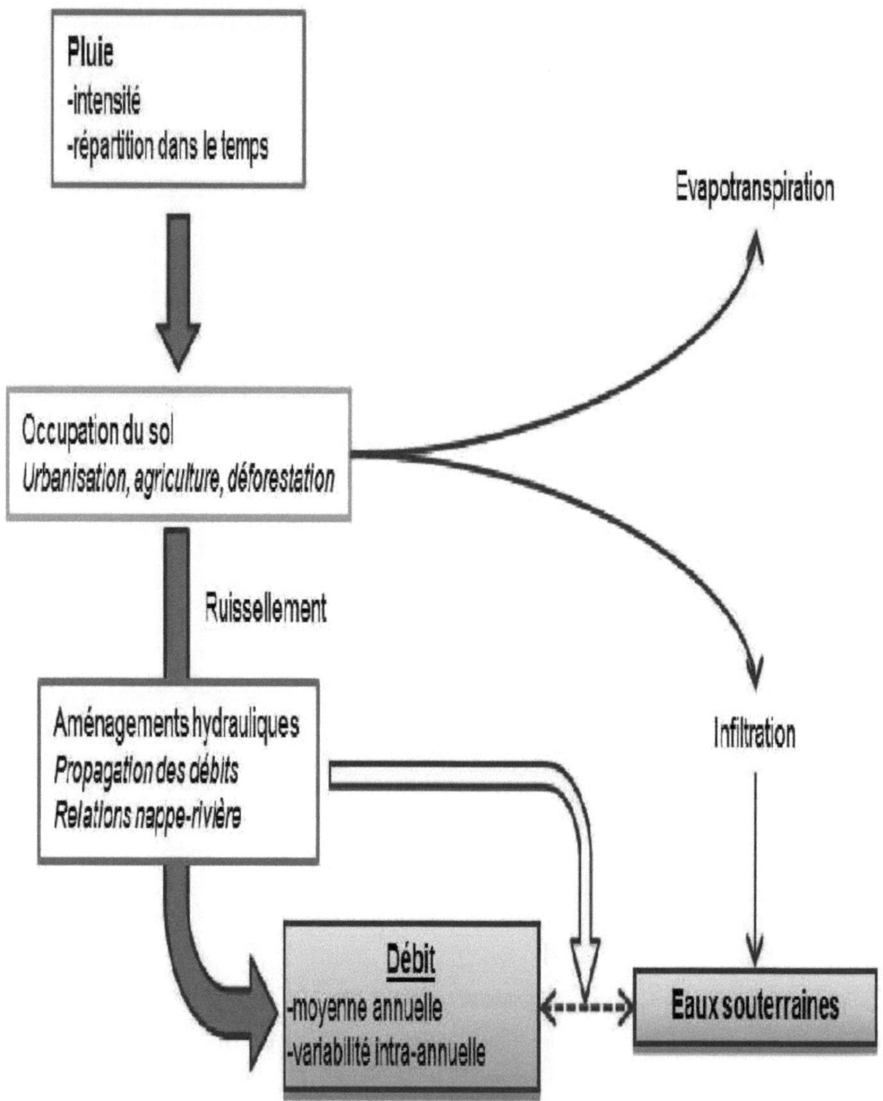


Source : Fabre, 2010.

Ces schémas illustrent la difficulté que peuvent rencontrer les modèles hydrologiques dans la représentation des débits, selon leur capacité à prendre en compte les différents facteurs explicatifs. Ces modèles diffèrent par leur nature :

- les modèles conceptuels ne cherchent pas à représenter les phénomènes physiques impliqués dans la transformation pluie-débit. Ils considèrent différents réservoirs avec des fonctions de transfert entre ces réservoirs, qui sont optimisées à l'aide d'un nombre variable de paramètres afin de reproduire au mieux les écoulements sur un territoire donné (une maille ou un bassin versant, par exemple).
- Les modèles physiques prennent en compte les caractéristiques du territoire modélisé (occupation du sol, végétation...) pour simuler la transformation de la pluie en débits. Le calage est la procédure d'ajustement des paramètres qui permet d'obtenir une meilleure représentation des débits. Il s'effectue en confrontant les sorties des modèles à des données hydrométriques et piézométriques. Afin d'améliorer la confiance dans les résultats des modèles sous des conditions de changement climatique, ceux-ci sont souvent calés sur des périodes longues, qui comportent une grande variabilité.

Le calage peut également être suivi d'une validation du choix des paramètres sur une période différente. On peut par exemple caler un modèle sur une période plutôt humide, et valider les choix des paramètres sur une période plus sèche, pour s'assurer que le modèle reproduise correctement les débits indépendamment des conditions climatiques.

Les modèles physiques ne sont pas calés et validés comme les modèles conceptuels, mais il est possible d'ajuster au mieux les équations du modèle pour chaque territoire représenté. Les modèles conceptuels sont donc le plus souvent plus facilement optimisés pour reproduire des débits observés. Cependant les modèles physiques permettent d'étudier les phénomènes physiques en jeu dans la formation des écoulements et notamment de mesurer leur influence sur la transformation de la pluie en débits (impacts de changements d'occupation du sol, du type de végétation ou de son comportement...).

Les deux types de modèles constituent ainsi des approches différentes qui peuvent être utilisées selon l'objectif. Nous avons décrit ici les étapes d'une évaluation des impacts du changement climatique sur les ressources en eau. La même démarche de modélisation peut être utilisée pour simuler différents types d'impacts.

Les scénarii de changement climatique issus des simulations peuvent servir de données d'entrée pour la modélisation de divers processus tels que :

- les processus hydrologiques ;
- l'évolution des conditions hydrauliques (fréquence d'inondation de certaines zones, rôle d'ouvrages d'art…) ;
- les processus agronomiques (croissance et rendement des cultures, besoins en eau…)
- l'évolution de la température de l'eau ;
- la réponse des écosystèmes aux variations climatiques (aires de répartition des espèces, modification des cycles de croissance ou de reproduction…) ;
- l'élévation du niveau de la mer, la submersion et l'érosion du littoral.

#### 3.2.4.1. Construction des scénarii climatiques à Douala

Ces dernières années, beaucoup d'études ont été menées concernant les impacts du changement climatique sur les ressources en eau. Celles-ci se basent sur différents choix. Chacun des choix effectués est une source d'incertitudes. Les sources d'incertitudes sont identifiées et classées par ordre d'importance (Ducharne et al., 2009 ; Dobler et al., 2012).

Les modèles climatiques présentent des biais qui peuvent être mesurés en comparant les simulations sur des périodes passées, pour lesquelles on dispose de données d'observations. Ainsi, pour construire des scénarii climatiques à un horizon donné, il est d'abord nécessaire de considérer la différence entre les variables (température, précipitation) simulées sur la période présente et celles simulées sur la période future étudiée. Ce travail s'effectue au travers de l'estimation de l'équation suivante.

$$\textbf{Tmoyen} = \mathbf{c} + \mathbf{a}\ \mathbf{T} + \boldsymbol{\mu}\ \mathbf{(1)}$$

Avec Tmoyen, T et μ représentant respectivement la température moyenne, le temps et le terme d'erreur.

Les données pour l'estimation de cette équation proviennent de la base de données de la NASA. On peut ensuite appliquer ces variations à des valeurs observées (Figure 3.4 de la page suivante). Cette méthode sous-tend donc l'hypothèse que les biais des modèles climatiques sont indépendants du climat, ce qui peut être vérifié par leur application sur des paléoclimats. Par la suite, on considèrera simplement les variations de température (en °C) et de précipitations (en %) entre une période de référence représentant le climat présent, et la période future étudiée.

Les scénarii d'émission en gaz à effet de serre (GES) ont été élaborés pour décrire les relations entre les forces motrices des émissions et l'évolution de la concentration en GES. Quatre scénarii SRES, A1, A2, B1, B2 ont été développés par le CMIP (*Coupled Model Intercomparison Project*). Chacun représente une évolution différente sur le plan démographique, social, technologique, économique et environnemental. La famille de scénario A1 comprend trois groupes de scénarii caractérisés par des évolutions différentes des technologies énergétiques : A1FI (intensité de combustibles fossiles), A1B (équilibre) et A1T (prédominance des combustibles non fossiles) (GIEC, 2000). Une nouvelle phase du projet, le CMIP5, a débuté après l'élaboration du quatrième rapport du GIEC. L'évolution du climat se base sur quatre scénarii RCP (*Representative Concentration Pathways*). Ces scénarii entraînent des forçages radiatifs et des accroissements de température dans une gamme plus large que les scénarii SRES jusqu'ici utilisés (Dufresne, 2012). Ceux-ci visent à fournir des projections du changement climatique à deux échelles temporelles proches (jusqu'à 2035) et lointaines (après 2100) et permettre la compréhension de certains des facteurs responsables des différences dans les projections des modèles. Ceci inclut la quantification de certaines réactions clés telles que la formation des nuages ou le cycle du carbone (CMIP, sd). Les travaux du CMIP5 devront être terminés pour l'élaboration du cinquième rapport du GIEC.

**Schéma explicatif de la correction des biais des modèles climatiques.**

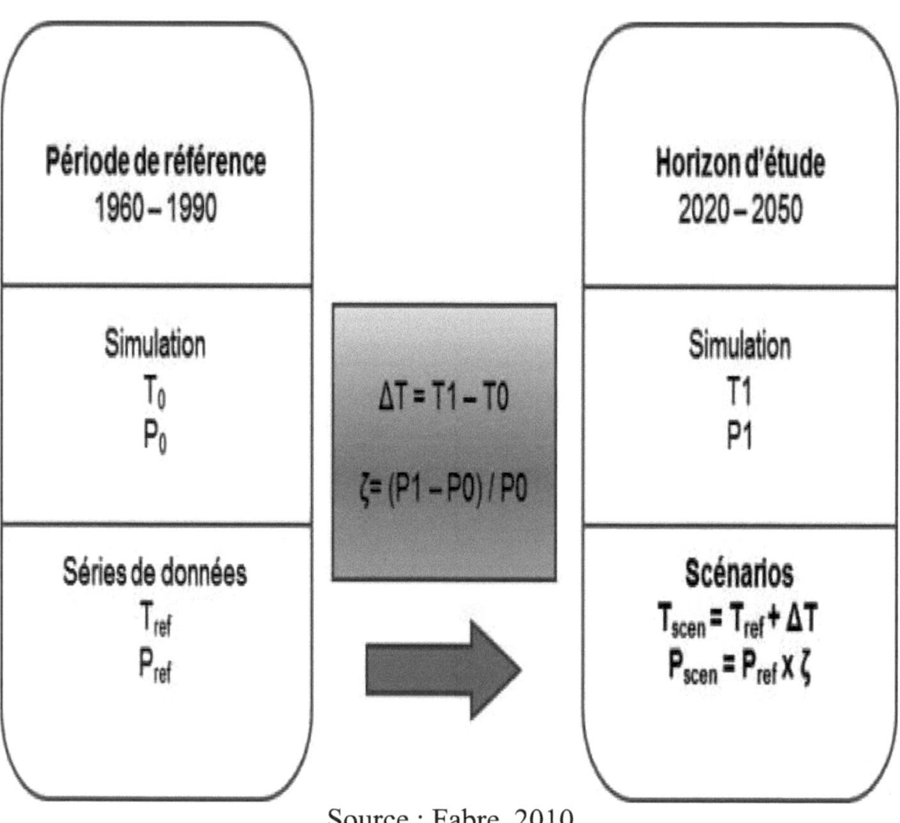


Source : Fabre, 2010.

Le modèle de circulation générale (MCG ou *GCM* en anglais) simule les effets climatiques dus à l'augmentation des concentrations atmosphériques en gaz à effet de serre (GES). Les GCMs ont une résolution spatiale trop faible pour permettre l'étude des impacts du climat à l'échelle du bassin versant. Différentes méthodes de descente d'échelle existent, elles peuvent être statistiques ou dynamiques. Ces dernières utilisent les résultats des GCMs comme conditions limites pour alimenter des modèles à plus forte résolution spatiale appelés modèles climatiques régionaux (RCM).

Les données de sorties des RCMs et/ou GCMs sont affectées de biais. Afin de contrecarrer ce problème, les biais peuvent être corrigés en regard des données observées. Il ressort de l'étude de Dobler et al. (2012) que le choix d'une méthode de correction du biais affecte principalement les évènements extrêmes. Il convient donc d'être attentif au choix de la méthode de correction du biais en fonction des objectifs de l'étude. Les modèles hydrologiques peuvent alors servir, sur base des données climatologiques obtenues, à estimer les impacts du changement climatique.

**3.2.4.2. Les modèles d'impacts du changement climatique sur la salinité des ressources hydriques à Douala.**

Quel que soit le type d'impact étudié, les modèles comportent des biais, repérables sur les simulations de périodes de référence passées. Ces biais peuvent être minimisés grâce au processus de calage validation, mais les simulations ne sont jamais optimales.

Ainsi pour les modèles hydrologiques par exemple, certains phénomènes sont peu ou pas pris en compte par les modèles comme :

- l'impact de l'occupation du sol sur l'évapotranspiration et les mécanismes de transformation pluie-débit. En effet, la végétation est le plus souvent faiblement différenciée même dans les modèles à base physique ;
- l'influence de l'anthropisation des territoires sur les débits. Les chroniques de débits mesurées sont influencées (par les prélèvements et par les barrages) et il est souvent difficile de reconstituer les débits, qui permettraient de distinguer davantage les impacts du changement climatique de ceux de l'anthropisation des territoires ;
- l'impact sur les ressources en eau des scénarii d'évolution des demandes en eau, dont les situations de tensions projetées dépendent fortement (Arnell, 2004).

Enfin, les sorties des modèles sont des lames d'eau, écoulements ou débits. La traduction de ces écoulements en ressources disponibles ou mobilisables demande une expertise supplémentaire et dépend de facteurs socio-économiques propres à chaque territoire. L'utilisation sous des scénarii de changements climatiques de modèles d'impacts calés en climat actuel repose sur l'hypothèse selon laquelle les relations entre le climat et les variables étudiées (débits, niveau de la mer, rendements…) varient peu avec le climat.

- **L'évaluation du changement du niveau marin à la façade maritime de Douala**

Le logiciel Excel était utilisé pour la détermination des marées mensuelles et annuelles moyennes. Les graphes étaient par la suite produits pour observer la variabilité du niveau marin. Ces données ont été exportées au logiciel Eviews 8 pour une comparaison des moyennes mensuelles ainsi que les moyennes annuelles des marées de Douala. Concernant l'élévation du niveau marin, les données sur les fluctuations à long terme du niveau marin local étant absentes, la moyenne d'élévation de 1,7 mm/an avant 1993 donnée par plusieurs scientifiques et du fait que l'altimétrie satellitaire (Topex/Poséidon et Jason-1) considère que la vitesse des variations du niveau marin dans le golfe de Guinée est de 3,1 mm/an depuis 1993 (Figure 3.5) ont été utilisées pour l'estimation du niveau marin à la façade maritime de Douala.

**Distribution géographique des vitesses de variations du niveau de la mer (1993-2006) d'après T opex/Poséidon et Jason-1.**

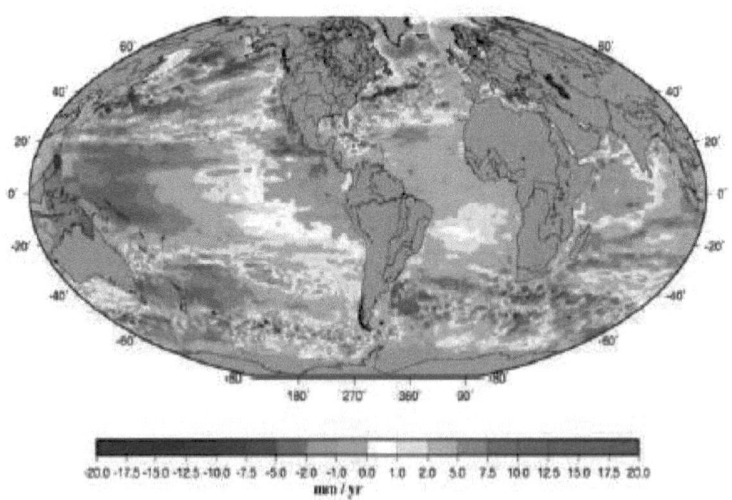


Source : Aarup et al, 2010

L'évaluation de la tendance d'évolution du niveau de la mer nécessite de longues séries de mesures dépassant le siècle afin de s'affranchir de la variabilité climatique et de permettre de mieux prévoir l'élévation future du niveau de la mer. Ce travail s'effectue par l'intermédiaire de l'équation.

$$\textbf{Hauteur} = \mathbf{c + a\,M + \mu\ (2)}$$

Avec M et μ représentant le mois et le terme d'erreur.

L'University of Hawaii (2015) a des données marégraphiques de plusieurs stations dans le monde. Ces hauteurs de marées sont données par jour voire par heure. Cette valeur régionale de l'élévation actuelle estimée ne tient compte que de l'effet du forçage anthropique du climat. Elle ne prend pas en compte les mouvements tectoniques ni la subsidence qui peuvent contribuer à certains endroits de la façade maritime de Douala, au taux de la hausse du niveau de la mer.

➢ **L'Évaluation de la Cinématique du Trait de Côte à Douala**

Le logiciel Erdas Imagine 10 a été utilisé pour la combinaison des bandes de même résolution de 30 m x 30 m par pixels afin d'obtenir les Modèles Numériques de Terrain (MTN). Suite à la classification de chaque MTN, les traits de côtes ont été ressortis délimitant la ligne des eaux et la plage. Ils ont été par la suite exportés au logiciel Quantum Gis où la superposition des trois traits de côtes a été observée. Les traits de côtes de Douala pour les années 1978, 2000 et 2015 ont été identifiés et les écarts entre ces traits ont été mesurés grâce à certaines applications du logiciel afin d'estimer la vitesse linéaire de recul. Des extrapolations ont été faites pour retrouver les positions du trait de côte en 2050 ainsi qu'en 2100. Des applications du logiciel Quantum Gis ont permis de ressortir ceux-ci sur la carte. Tout ceci avait été possible grâce aux anciennes images satellitaires MSS (Multi-Spectra Scanning), ETM (Enhanced Thematic Mapper), LC8 qui ont été obtenues de l'Institut National de Cartographie de Yaoundé. Elles avaient été scannées par le satellite les 27 novembre 1978 à 9 h'56'' en basse mer, le 10 décembre 2000 à 23 h en pleine mer et le 10 janvier 2015 à 9 h 39'03'' respectivement. Ces images sont des bandes portant des numéros allant de 1 à 11.

## 3.3. MÉTHODE D'ÉVALUATION MONÉTAIRE DU DESSALEMENT DE L'EAU À DOUALA : L'ANALYSE COUT-BENEFICE (ACB)

La théorie qui sous-tend l'ACB a essentiellement été élaborée à la fin du 19e siècle. Elle est basée sur la notion de préférences humaines. Celles-ci sont liées à l'utilité, ou au bien-être par des règles et des axiomes rigoureux. L'ACB définit quant à elle les règles d'agrégation de ces préférences, si bien qu'il est possible de dire qu'une préférence sociale s'exprime en faveur ou en défaveur de quelque chose (David Pearce, Giles Atkinson et Susana Mourato, 2006). Les préférences sont révélées sur les marchés par la décision de dépenser ou de ne pas dépenser une certaine somme d'argent. En somme, les fondements théoriques de l'ACB sont pour l'essentiel les suivants : les bénéfices et les coûts sont respectivement définis comme des augmentations et des réductions du bien-être.

L'Analyse Coûts-Bénéfices vise donc à identifier et quantifier les conséquences positives (bénéfices) et négatives (coûts) d'une décision, puis à les exprimer en une unité commune permettant la comparaison : l'unité monétaire. L'externalité[21] qui est définie comme un effet préjudiciable (ou bénéfique) pour un tiers ne donnant lieu à aucun paiement en contrepartie occupe par conséquent une place de choix dans l'ACB telle qu'elle est appliquée dans le domaine de l'environnement.

En outre, l'ACB utilise deux méthodes d'agrégation à savoir le consentement à payer (CAP) et le consentement à recevoir (CAR). Le consentement à payer mesure ce qu'un individu serait prêt à donner pour bénéficier d'un bien (ou des bienfaits d'un projet). Il s'agit d'une mesure monétaire de la variation de bien-être d'un individu qui serait nécessaire pour qu'il accepte le changement de situation associé à une décision publique (telle que la réalisation d'un projet), ou ce à quoi une personne serait prête à renoncer en termes d'autres opportunités de consommation[22]. Le consentement à recevoir représente quant à lui ce

---

[21] En économie on considère comme une externalité les conséquences négatives ou positives (une perte de bien-être ou un gain d'une transaction pour un tiers qui n'est pas partie prenante à la transaction).

[22] Valérie Meunier et Éric Marsden, Analyse coûts-bénéfices : guide méthodologique 2009

que l'individu voudrait obtenir en compensation pour la diminution d'un bien ou d'un service.

L'ACB trouve également son utilité dans ce sens qu'en plus d'être un outil analytique, elle peut aider les décideurs à allouer les ressources de manière socialement efficace. C'est pour ces raisons que nous avons fait recours à cette méthode d'analyse pour évaluer les effets du changement climatique sur l'offre d'eau potable dans la ville de Douala. En effet, le changement climatique peut entraîner une dépense ou un bénéfice supplémentaires dans le traitement de l'eau potable en raison de la dégradation ou de l'amélioration de la qualité des eaux brutes. Sur un tout autre plan, il peut être à l'origine d'une baisse des dépenses par une augmentation de la quantité des eaux disponibles ou d'une hausse des dépenses par une diminution des débits des eaux brutes, d'où la nécessité d'étendre la longueur du réseau de captage des eaux brutes ou de redimensionner les réservoirs de captage des eaux.

Toutefois, la méthode d'évaluation monétaire des impacts du changement sur un bien diffère sensiblement suivant qu'il s'agisse d'un bien marchand ou non marchand. Ces différentes méthodes sont résumées par Ouramos et al. (2008) dans le graphique de la page suivante.

Il est certes vrai que la ressource en eau a une valeur marchande et une valeur non marchande. Toutefois, le service d'eau potable qui entre progressivement dans la sphère des biens marchands se verra ainsi appliquer la méthodologie liée aux biens marchands.

Les impacts du changement climatique sur les biens marchands sont de deux types : les impacts sur les activités économiques et les impacts sur les équipements, bâtiments et infrastructures (le capital physique). Dans les deux cas, l'évaluation monétaire des impacts pourra être effectuée en utilisant les prix ayant cours sur leurs marchés respectifs.

## Choisir une méthode d'évaluation économique[23]

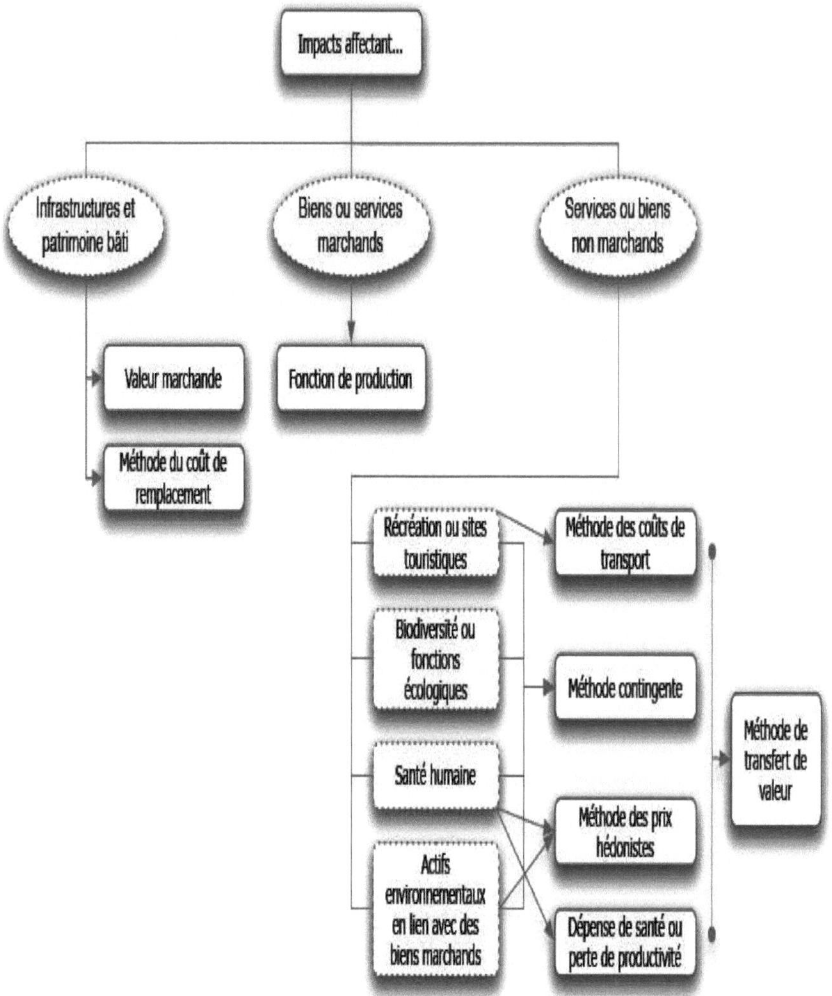


Source : Ouranos et al. (2008)

[23] Rapport d'information générale rédigé par Alain Webster, Frédéric Gagnon-Lebrun, Claude Des Jarlais, Jean Nolet, Claude Sauvé et Stéphanie Uhde sur le thème L'évaluation des avantages et des coûts de l'adaptation au changement climatique.

Dans le cas des activités économiques, on aura recours pour évaluer l'effet net aux fonctions de production alors que dans le cas des actifs on utilisera plutôt la notion de coûts de remplacement.

### 3.3.1. Les dépenses de remplacement

Les impacts du changement climatique peuvent également se traduire par des pertes aux milieux bâtis. Dans ces cas la valeur monétaire des actifs pouvant être dégradée est supposée refléter les impacts subis. L'évaluation de la perte des actifs immobiliers pourra être mesurée par l'évaluation foncière, la valeur marchande courante ou la valeur de remplacement.

De façon générale, l'approche du coût de remplacement est celle qui donne la meilleure évaluation. Cependant, cette approche intègre mal les actifs ayant une valeur patrimoniale particulière et ne reflète pas nécessairement toutes les pertes d'usage pouvant être occasionnées qui devront alors être ajoutées au calcul.

### 3.3.2. La fonction de production[24]

Le recours aux fonctions de production tel que présenté ci-dessous est particulièrement utile pour la mesure des impacts sur les activités économiques, qu'il s'agisse par exemple de production agricole ou forestière, de services touristiques ou de consommation d'énergie et d'eau.

Ainsi, on pourra utiliser la mesure de la marge bénéficiaire brute dans la situation où une organisation subit une baisse de son niveau de production due aux conséquences du changement climatique.

En effet, les coûts du changement climatique peuvent se mesurer simplement par l'évaluation des pertes associées à la baisse de la production dans la mesure où les impacts sur la production ou la consommation sont marginaux et n'engendrent pas de variation dans le prix des produits mis en marché.

---

[24] En analyse économique, la fonction de production est le rapport entre la valeur d'une variable dépendante (par exemple la production d'une usine ou d'une exploitation agricole) et les variables dites indépendantes appelées aussi facteurs de production tels que la main-d'œuvre, le capital, la terre ou les ressources naturelles et le climat.

$$Y = f(X, Z, U)^{25} \quad (3)$$

Où X représente les facteurs de production (capital, travail, électricité et d'autres facteurs variables) ; Z permet de prendre en compte les indicateurs de variation du climat ; U représente les aléas de production non observés et Y la quantité totale d'eau produite.

L'évaluation monétaire pourra aussi se faire en multipliant la baisse de production anticipée pour chacune des périodes par le prix du produit. Comme la baisse de production peut aussi engendrer une baisse du coût de production, il faudra dans ce cas soustraire cette baisse du coût de production du revenu, de façon à ne considérer que les avantages perdus. Ainsi, cette méthode implique de déterminer une marge bénéficiaire pour chaque unité produite et de multiplier cette marge par la variation estimée de la production suite au changement climatique ou à déterminer la fonction de coût de production en fonction des indicateurs du changement climatique.

### 3.3.3. L'actualisation des coûts futurs

L'analyse coûts-bénéfices apparaît désormais comme un outil de formulation des politiques et d'aide à la décision tout à fait indispensable. À mesure que les politiques environnementales deviennent plus complexes et ambitieuses (réchauffement planétaire, perte de biodiversité, impacts exercés sur la santé par la pollution locale de l'air et de l'eau, etc.), un certain nombre de pays ont été amenés à prendre des mesures juridiques imposant une évaluation des impacts ainsi que des coûts et des bénéfices des grandes politiques et des réglementations.

On peut décomposer la démarche d'une ACB en plusieurs étapes comme l'indique la figure ci-après.

---

[25] Nous nous situons ici dans une logique d'élaboration de la fonction de production suivant le modèle KLEM, qui stipule que tout niveau de production Y est engendré par une combinaison de facteurs que sont : le capital (K), le travail (L), l'apport d'énergie (E) et l'utilisation de matériaux non énergétiques (M). Ces modèles formalisent les relations de substituabilité entre les facteurs de production.

**Les étapes de la démarche ACB**

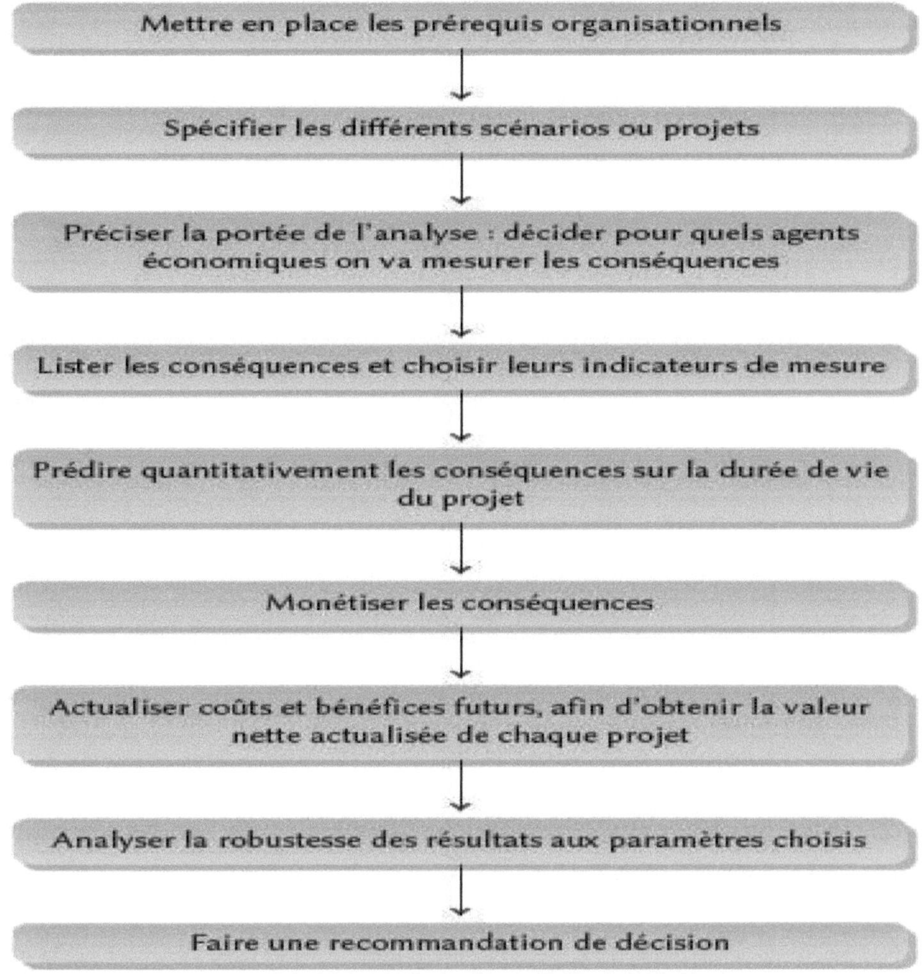


Source : Meunier V. et Marsden E., 2009

Ainsi, pour atteindre l'objectif principal fixé précédemment à savoir déterminer les effets probables du changement climatique sur l'offre en eau potable dans la ville de Douala, nous avons fait appel à la valeur actuelle nette ou aux intérêts. En effet, l'actualisation est un autre aspect à considérer dans l'analyse. On considère généralement qu'un coût ou un bénéfice ont aujourd'hui une plus grande valeur s'ils se produisent maintenant que s'ils se produisent dans le futur.

Deux raisons peuvent être avancées :

- **Du point de vue de la consommation** : les collectivités humaines ont, comme les individus, une préférence pour le présent (on parle de taux d'escompte psychologique ou de taux de préférence intertemporelle collective) : un bien disponible immédiatement vaut plus que s'il faut attendre pour en disposer. Cette préférence pour le présent peut toutefois être partiellement compensée par des considérations de solidarité intergénérations qui jouent en sens inverse ;
- **Du point de vue de l'investissement** : une somme investie aujourd'hui au lieu d'être consommée procurera ultérieurement des avantages plus importants.

Il est donc nécessaire d'avoir un facteur de conversion permettant de faire l'équivalence à un moment donné de deux coûts ou avantages de même valeur faciale apparaissant à des instants différents. Le taux d'actualisation annuel est défini comme le nombre positif r, tel qu'une valeur unité disponible dans un an soit équivalente à une valeur moindre disponible 1/(1+r) aujourd'hui.

Pour un raisonnement d'une valeur unité disponible dans n années la valeur moindre est alors $1/(1+r)^{n}$ disponible aujourd'hui. L'actualisation économique est totalement indépendante de la dépréciation de la monnaie ou de l'inflation : on raisonne dans la sphère de l'économie réelle.

Ainsi, en supposant par exemple Co et Cn représentant respectivement le coût à la date $t_0$ ou le coût actuel et le coût à la date $t_n$ ou coût futur, la relation entre ces deux coûts est établie par les équations suivantes.

$$Co = \frac{Cn}{(1+r)^{n}} \quad (4)$$

$$Cn = Co(1+r)^{n} \quad (5)$$

# CHAPITRE III

# PRÉSENTATION DES RÉSULTATS

*« Il y a une limite à ce que nous pouvons faire avec les nombres, et il y en a une à ce que nous pouvons faire sans eux. »* ***Georgescu-Roegen****.*

Ce chapitre vise essentiellement à présenter les résultats des estimations et simulations effectués afin d'atteindre les différents objectifs fixés au début de cette étude à savoir :

1- Déterminer l'évolution des températures de la ville de Douala ;
2- Déterminer l'évolution du niveau de la mer à Douala ;
3- Déterminer la vitesse d'évolution du trait de côte de la ville de Douala ;
4- Déterminer l'impact du changement climatique sur la qualité des eaux de la ville de Douala.
5- Déterminer les coûts de production supplémentaires d'eau potable induits par ce changement dans la ville de Douala.

Aussi, c'est le lieu d'estimer les paramètres et de vérifier leur conformité par rapport à la littérature existante, au contexte ambiant et aux hypothèses de l'étude qui est :
**H1.** Le changement de température entraîne la hausse du niveau de la mer qui provoque la dégradation qualitative des ressources d'eau douce de la ville de Douala.

**H2.** La hausse du niveau de la mer à Douala entraîne le recul du trait de côte ce qui contribue à la dégradation qualitative des ressources en eau de la ville de Douala.

**H3.** La dégradation qualitative et quantitative des ressources d'eau douce due au changement climatique et/ou à la hausse du niveau de la mer entraîne une augmentation des coûts de potabilisation de l'eau dans la ville de Douala.

Le présent chapitre va ainsi présenter la détermination de la vulnérabilité (cf. annexe 2) des réserves d'eau douce face aux effets du changement climatique à Douala et les coûts de désalinisation.

### 4.1. Vulnérabilité des ressources en eau à Douala aux effets du changement climatique.

Les problèmes liés à l'eau douce jouent un rôle charnière entre les principales vulnérabilités régionales et sectorielles. De ce fait, la relation entre le changement climatique et les ressources en eau douce est d'une importance capitale. Cette partie se donne pour objectif de déterminer la vulnérabilité des ressources hydriques de la ville de Douala au changement climatique.

L'un des impacts potentiels du changement climatique est l'élévation rapide du niveau de la mer et l'érosion subséquente de terrains à grande valeur écologique, économique ou culturelle. Depuis 1900, le niveau de la mer augmente de 1 à 3 mm par an (Church *et al.*, 2004). Depuis 1992, l'altimétrie satellite à partir de TOPEX/Poséidon indique un taux d'élévation d'environ 3 mm par an. L'élévation n'est toutefois pas uniforme ; elle varie selon les régions de l'océan (selon la hauteur de la masse d'eau sous-jacente, la proximité par rapport à l'équateur, l'action des vents et grands tourbillons). Nicholls *et al.* (2011) estiment que pour une hausse globale de 4 °C de la température moyenne en 2100, le niveau de la mer pourrait s'élever de 0,5 à 2 mètres. Rahmstorf (2007) propose une élévation comprise entre 50 cm et 1,4 m en 2100 et propose de considérer une élévation de 1 m en 2100 pour les études d'impact.

L'une des conséquences de cette montée du niveau de l'océan est la salinisation des réserves d'eau douce. Nous nous proposons ainsi de déterminer dans cette section le niveau de la mer dans la ville de Douala et l'étendue de l'infiltration des eaux de l'océan Atlantique sur les eaux douces de cette ville. Pour ce fait, nous déterminerons tout d'abord l'évolution des températures dans cette ville à cause de sa forte corrélation avec le niveau de la mer. Les résultats que nous présenterons ici proviennent d'une part de nos analyses réalisées à partir du logiciel Eviews 8 et d'autre part des résultats obtenus par d'autres auteurs.

### 4.1.1. La tendance et la variabilité des températures à Douala.

Les scientifiques s'accordent à dire que la teneur en gaz carbonique dans l'atmosphère augmente de façon constante (30 % en deux cents ans) et observent une augmentation moyenne de la température de 0,6 °C sur l'ensemble du globe. Les prévisions sont réalisées à partir de modèles prenant en compte l'évolution de la société, de l'économie, de la démographie, des émissions de gaz à effet de serre ainsi que la dynamique du système climatique ; elles permettent de prévoir pour 2100 une augmentation des températures de 1,4 °C à 5,8 °C dans le monde. Le scénario médian du GIEC prévoit une augmentation de 1 °C en 2025, 2 °C en 2050 et 3,5 °C en 2100. Pour ces 20 prochaines années, on s'attend à une augmentation supplémentaire de la température de 0,2 °C par décennie, quel que soit le scénario d'émissions (Pachauri et Reisinger, 2007).

L'analyse de la température moyenne dans la ville de Douala peut être reproduite par la tendance ou l'équation ci-dessous. Cette équation a été obtenue avec les observations issues de la base de données climatiques de la NASA pour la période 1983 à 2015 et analysée avec le logiciel Eviews 8.

**Tmoyen = 23,504 24 + 0,062 897 T**

**Estimation des températures moyennes**

Dependent Variable: TMOYEN
Method: Least Squares
Date: 12/15/15 Time: 02:51
Sample: 1 32
Included observations: 32

| Variable | Coefficient | Std. Error | t-Statistic | Prob. |
|---|---|---|---|---|
| C | 23.50424 | 0.221570 | 106.0803 | 0.0000 |
| T | 0.062897 | 0.011719 | 5.367316 | 0.0000 |

| | | | |
|---|---|---|---|
| R-squared | 0.489866 | Mean dependent var | 24.54204 |
| Adjusted R-squared | 0.472862 | S.D. dependent var | 0.843011 |
| S.E. of regression | 0.612062 | Akaike info criterion | 1.916496 |
| Sum squared resid | 11.23860 | Schwarz criterion | 2.008104 |
| Log likelihood | -28.66393 | Hannan-Quinn criter. | 1.946861 |
| F-statistic | 28.80808 | Durbin-Watson stat | 0.536019 |
| Prob (F-statistic) | 0.000008 | | |

Source : Auteur à partir d'Eviews 8

Ils indiquent que l'évolution de la température moyenne dans la ville de Douala est expliquée à 47,286 2 % par le temps. La valeur des paramètres est significative à 1 % et le modèle est également globalement significatif et le signe du paramètre est également conforme à la théorie qui suppose une évolution dans le même sens entre la température et le temps. À partir de ces résultats une projection de l'évolution des températures moyennes dans la ville de Douala à partir du logiciel d'analyse des données climatiques Instat+ version 3.36 nous a permis d'aboutir aux résultats présentés par le tableau 4.2 de la page suivante.

Ces résultats ne sont pas loin de ceux déjà présentés par la plupart des climatologues et ne sont pas loin de ceux présentés par le GIEC. En effet, on constate une augmentation de la température moyenne prédictive de l'ordre de 1,84 °C en 2050 et de 4,96 °C en 2100 par rapport à 2008.

**Température moyenne prévisionnelle dans la ville de Douala.**

| Date | Température moyenne prévisionnelle | Température moyenne de référence en 2008 en °C | Variation de la température par rapport à celle de 2008 en °C |
|---|---|---|---|
| 2025 | 26,1725 | 25,9015027 | 0,27 |
| 2035 | 26,8015 | 25,9015027 | 0,9 |
| 2050 | 27,745 | 25,9015027 | 1,84 |
| 2100 | 30,86 | 25,9015027 | 4,96 |
| Standard error of slope : 0.0117 with 30 d.f. | | | |
| 95% confidence interval for slope 0.03896 to 0.08683 | | | |
| R-squared : 0.4899 | | | |

Source : Auteur à partir d'Instat+ version 3.36

En outre, ces résultats ont été obtenus pour un intervalle de confiance de 95 % et la contribution du temps dans l'explication de cette évolution se situe à 48,99 % avec une marge d'erreur de 0,011 7. D'une façon générale, le modèle de tendance et le modèle prédictif sont globalement significatifs et peuvent être utilisés pour la détermination du niveau de la mer dans cette zone.

### 4.1.2. La tendance et la variabilité du niveau de la mer.

La montée du niveau de la mer par rapport à celui des terres est un fait observé depuis des millénaires (Gehrels et al., 2004). En effet, le niveau de la mer s'est élevé d'environ 120 mètres depuis le pic de la dernière glaciation, il y a environ 18 000 ans (Grant, 1970). Cette augmentation du niveau de la mer est principalement la résultante d'un ajustement isostatique postglaciaire à long terme de la croûte terrestre conjugué aux effets de la charge de l'océan sur la plateforme, qui se traduit par la subsidence dans tout le sud des Maritimes (Dyke et Peltier, 2000). Mais aussi, le réchauffement du climat qui cause une expansion thermique des océans et la fonte de la glace sur les continents menacent de faire monter le niveau de la mer à l'échelle planétaire de plusieurs dizaines de centimètres au cours du siècle à venir (GIEC, 2001), ce qui accélérera les taux historiques d'élévation relative du niveau de la mer. Ainsi donc, l'élévation observée du niveau de la mer à un endroit donné est le changement apparent du niveau de la mer par rapport à des points fixes sur les terres.

Dans la région du littoral et principalement dans la ville de Douala, l'analyse de la tendance de la hauteur ou de la montée des eaux a été faite grâce aux données marégraphiques de la base de l'University of Hawaii. Ces données mensuelles sur trois ans nous ont permis d'aboutir au tableau, à l'équation et au graphe suivants :

**Estimation de l'évolution du niveau de la mer à Douala**

Dependent Variable: HAUTEUR
Method: Least Squares
Date: 12/16/15 Time: 02:06
Sample: 1 40
Included observations: 40

| Variable | Coefficient | Std. Error | t-Statistic | Prob. |
|---|---|---|---|---|
| C | 1253.834 | 16.96107 | 73.92422 | 0.0000 |
| M | 2.889035 | 0.720932 | 4.007360 | 0.0003 |

| | | | |
|---|---|---|---|
| R-squared | 0.297064 | Mean dependent var | 1313.059 |
| Adjusted R-squared | 0.278565 | S.D. dependent var | 61.96685 |
| S.E. of regression | 52.63298 | Akaike info criterion | 10.81327 |
| Sum squared resid | 105268.8 | Schwarz criterion | 10.89771 |
| Log likelihood | -214.2654 | Hannan-Quinn criter. | 10.84380 |
| F-statistic | 16.05894 | Durbin-Watson stat | 0.909735 |
| Prob (F-statistic) | 0.000276 | | |

**Hauteur = 1 253 834 + 2 889 035 M**

La valeur des paramètres est significative à 1 % et le modèle est également globalement significatif et le signe du paramètre est également conforme à la théorie qui suppose une évolution croissante du niveau de la mer dans le temps. Même si le $R^2$ ajusté est faible (0,278 565), il n'en demeure pas moins que la variable mois contribue à expliquer à hauteur de 27,856 5 % l'évolution du niveau de la mer à Douala. Une projection de cette évolution du niveau marin à Douala nous permet d'aboutir aux résultats ci-après.

**Évolution du niveau de la mer à Douala**

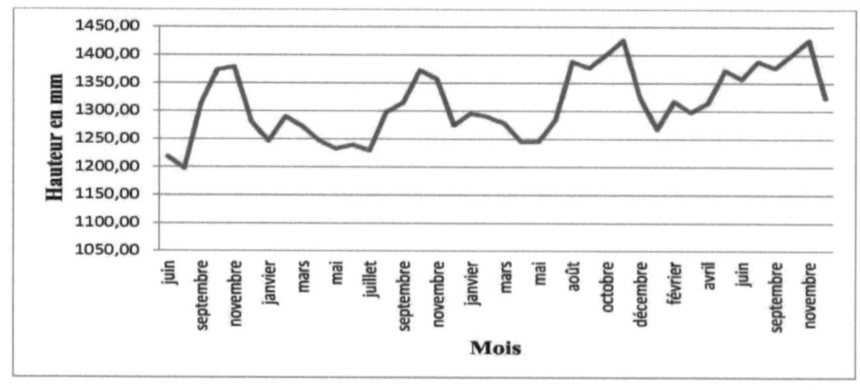


Source : Auteur

**Projection du niveau marin à Douala**

| Date | Hauteur en mm | Hauteur de la mer en 2008 en mm | Variation de la hauteur par rapport au niveau de 2008 en mm |
|---|---|---|---|
| **2025** | 1529,1 | 1293,3 | 236 |
| **2035** | 1676,604 | 1293,3 | 383 |
| **2050** | 1897,9 | 1293,3 | 605 |
| **2100** | 2635,5 | 1293,3 | 1342 |

Source : Auteur

Le tableau 4.5 de la page qui suit présente la variation du comportement du niveau de la mer en fonction de la variation des températures dans notre zone d'étude bien évidemment en fonction du niveau de 2008.

Ces résultats viennent confirmer ceux trouvés par Onguene R. et al. (2015) qui a évalué la montée du niveau du Wouri et de la Dibamba dans la fourchette 0,5 à 0,85 m et à Japoma il varie entre 0,18 à 0,52 m. Cette montée du niveau du Wouri, de la Dibamba et de Japoma est essentiellement due à une intrusion des eaux de l'océan Atlantique qui est de nature très salé. Ils estiment en effet que les intrusions de l'océan Atlantique sur le fleuve Dibamba s'étendent sur une quinze de kilomètres.

**Le changement climatique et le niveau de la mer projeté.**

| Date | Variation de la température par rapport à 2008 en °C | Variation du niveau de la mer par rapport à 2008 en cm |
|---|---|---|
| **2025** | 0,27 | 23,6 |
| **2035** | 0,9 | 38,3 |
| **2050** | 1,84 | 60,5 |
| **2100** | 4,96 | 134,2 |

Source : Auteur

Ceci n'est pas très différent des intrusions que l'on observe sur le Fleuve Dibamba, le Moungo ainsi que le Wouri dont l'une des évidences avait été constatée le 20 janvier 2015 lorsqu'un navire d'approvisionnement en matières premières à une cimenterie de Douala avait été surpris par un déferlement de vagues. Ce navire est allé percuter l'estacade permettant la construction du 2e pont sur le Wouri Amba (2015).

De plus, le comportement de la côte de cette zone d'étude est conforme aux trois hypothèses des scénarii d'émissions de gaz à effet de serre du GIEC :

- Hypothèse basse (HB) : elle correspond au cas le plus optimiste avec un scénario d'émission bas, une faible sensibilité du climat et de la fonte des glaces, une variation globale des températures entre 1990 et 2100 de +1,4 °C et un niveau moyen des mers de + 9 cm en 2100.

- Hypothèse moyenne (HM) : les valeurs sont médianes pour la sensibilité moyenne du climat à une perturbation donnée de la concentration en gaz à effet de serre, le niveau moyen des mers s'élèverait de + 48 cm pour un réchauffement moyen de 2,8 °C d'ici la fin du 21e siècle.

- Hypothèse haute (HH) : elle représente le cas le plus pessimiste ; les émissions de gaz à effet de serre ne sont plus maîtrisées, et le modèle climatique utilisé réagit fortement à une perturbation élevée de la concentration en gaz à effet de serre. Avec un réchauffement élevé de + 5,8 °C, le niveau de la mer augmenterait de + 88 cm en 2100.

Les évaluations récentes de la future montée du niveau de la mer sont basées sur les scénarii climatiques projetés dans le troisième rapport du GIEC de 2001 (Tableau 4.6).

Mais il y a lieu de rappeler ici que l'élévation du niveau marin peut être due à d'autres causes que climatiques, les modèles n'expliquant que la contribution du climat.

**Les changements climatiques globaux projetés pour 2050 et 2100**

| Hypothèse | Scénario d'émission | Sensibilité du climat | Variations des températures globales 1990-2050 | Variation du niveau moyen de la mer | |
|---|---|---|---|---|---|
| | | | | 2050 | 2100 |
| **Basse** | Bas | Faible | +1,4°C | +4cm | +9cm |
| **Moyenne** | Médian | Moyenne | +2,8°C | +20cm | +48cm |
| **Haute** | Elevé | Elevée | +5,8°C | +32cm | +88cm |

Source : GIEC (2001).

Les calculs prennent en compte les changements de température, de salinité et des courants simulés par 16 modèles du GIEC. Néanmoins l'altimétrie satellitaire (Topex/Poséidon et Jason) considère que la vitesse des variations du niveau marin dans le golfe de Guinée est de 3,1 mm/an depuis 1993 (Church et White, 2006). En année de référence de 1978, la hausse moyenne linéaire était de 1,7 mm/an (Church et White, 2006). Dans les zones côtières, l'élévation du niveau de la mer pourrait avoir des effets négatifs sur le drainage des eaux de pluie et sur les systèmes d'évacuation des eaux et accroître le potentiel d'intrusion d'eau salée dans les nappes souterraines d'eau douce des aquifères côtiers, affectant de la sorte négativement les ressources en eau souterraine. Pour deux petites îles coralliennes plates situées au large de l'Inde, il a été calculé que l'épaisseur des lentilles d'eau douce diminuerait respectivement de 25 à 10 m et de 36 à 28 m pour une élévation du niveau de la mer de seulement 0,1 m (Bobba *et al.*, 2000).

Toute diminution de l'alimentation des nappes souterraines aggravera l'effet de l'élévation du niveau de la mer. En effet, la baisse du niveau de la nappe souterraine rend son niveau en dessous de celui de la mer et cela sera compensé par une intrusion des eaux de la mer sur les réserves d'eau douce. Dans les aquifères intérieurs, une diminution de cette alimentation peut conduire à une intrusion d'eau salée provenant des aquifères salés voisins (Chen *et al.*, 2004).

Les conséquences de l'élévation du niveau de la mer sur le relief côtier varient d'une région côtière à l'autre, du fait que la vitesse de l'élévation n'est pas uniforme dans l'espace et que certaines régions côtières subissent des soulèvements ou des affaissements dus à des processus indépendants du changement climatique. L'élévation inexorable du niveau de la mer laisse prévoir un recul général de la ligne de rivage. Ce recul laisse un espace favorable aux intrusions salines dont la conséquence est le déplacement du biseau salé.

### 4.1.3. La tendance et la variabilité des traits de côte à Douala

Les images satellitaires traitées par le logiciel Erdas Imagine ont permis d'obtenir les différents traits de côtes de 1978, 2000 et 2015 (figure 4.2, 4.3, 4.4). La superposition a été faite comme le montre la figure 4.5. Suite à la superposition des trois traits de côte, il est visible qu'en 1978 la côte était bien à l'intérieur du continent. En 2000 le trait de côte est extrait quand l'océan est en pleine mer d'où le trait est à son maximum et en 2015 l'océan était en basse mer donc à son minimum. Dans notre zone d'études à roches sédimentaires de 2000 jusqu'en 2015, la côte a reculé d'environ 4,78 m soit une vitesse de recul linéaire de 31,86 cm/an ce qui dépasse la valeur de 20 cm/an trouvée par Fangue et *al* (2003) sur les côtes kribiennes.

## Trait de la côte de Douala en 1978

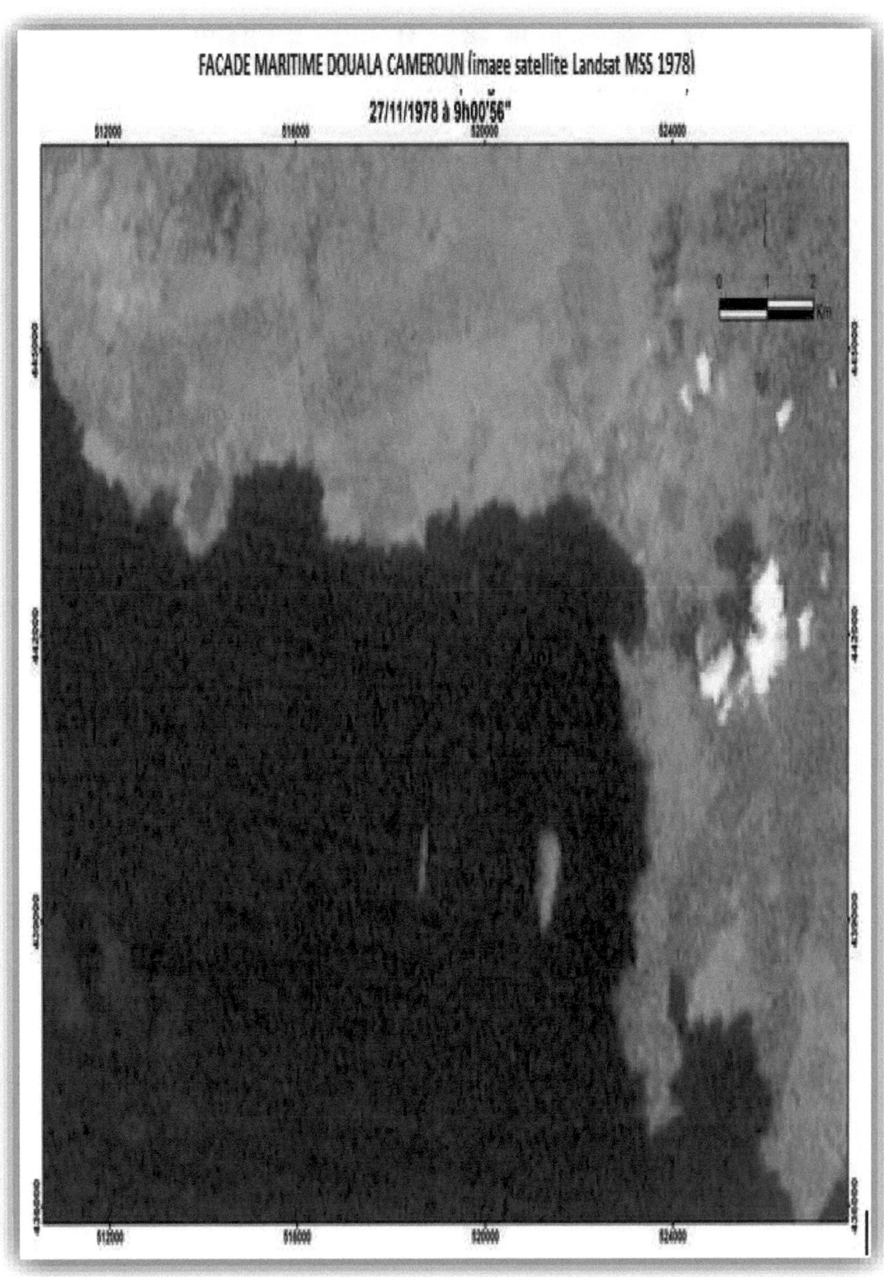

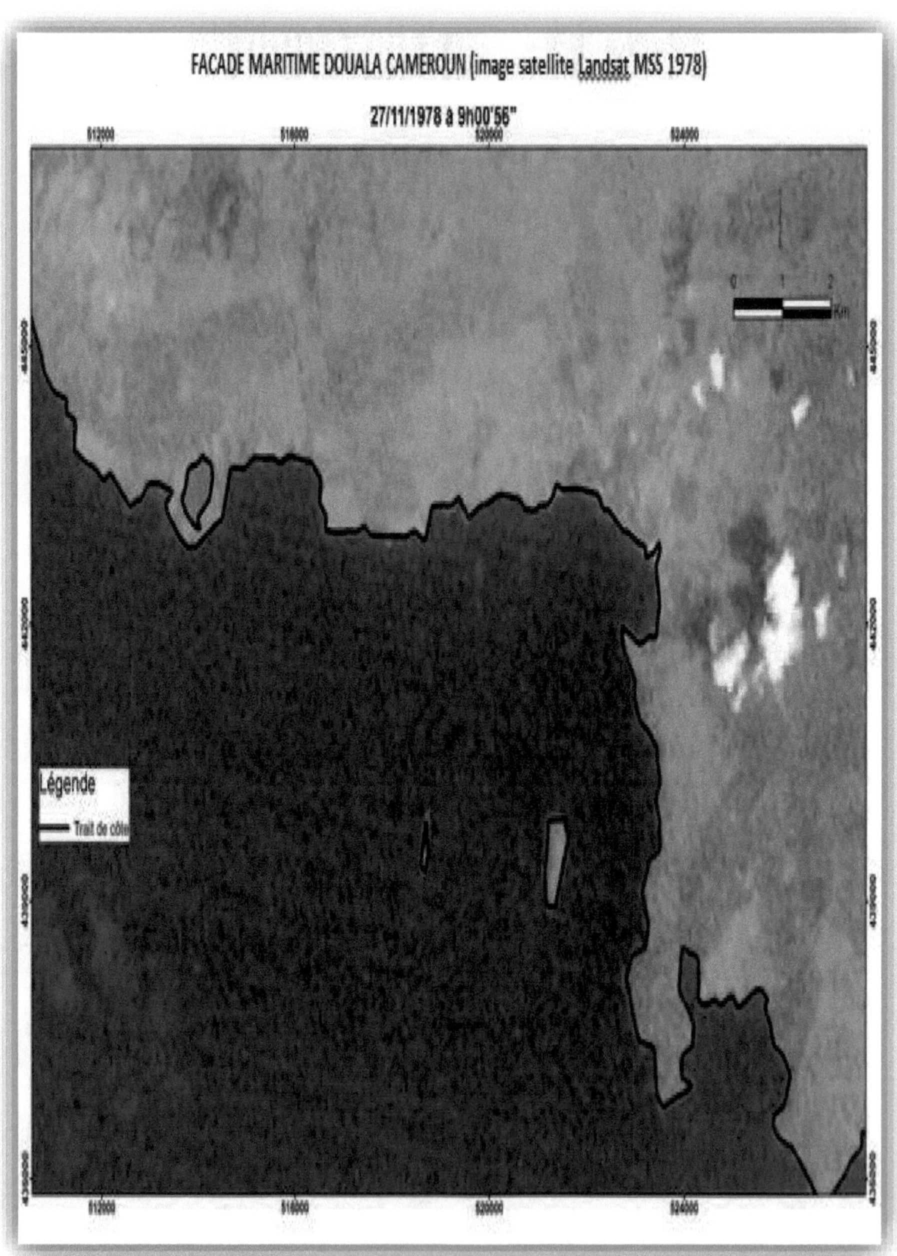
FACADE MARITIME DOUALA CAMEROUN (image satellite Landsat MSS 1978)
27/11/1978 à 9h00'56"
Légende
Trait de côte

## Trait de la côte de Douala en 2000

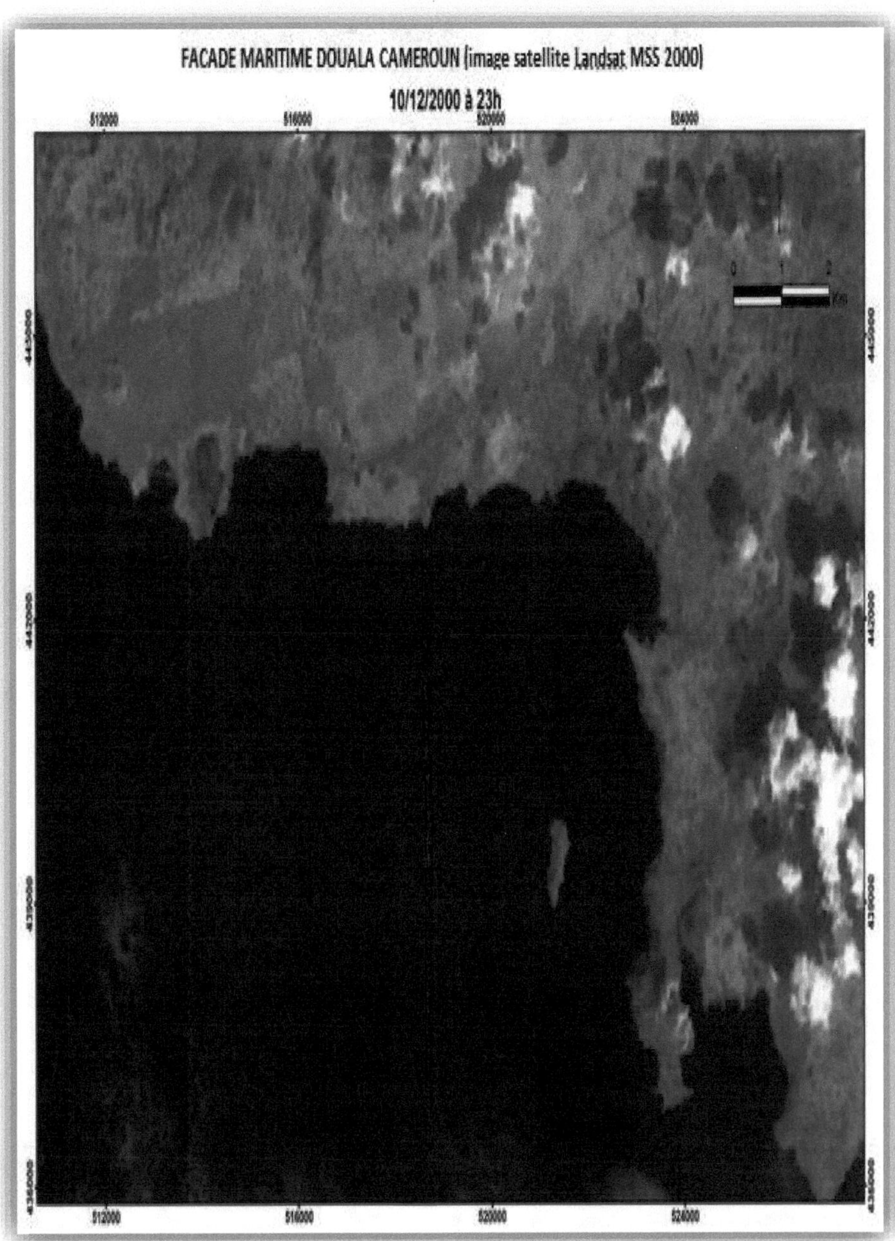

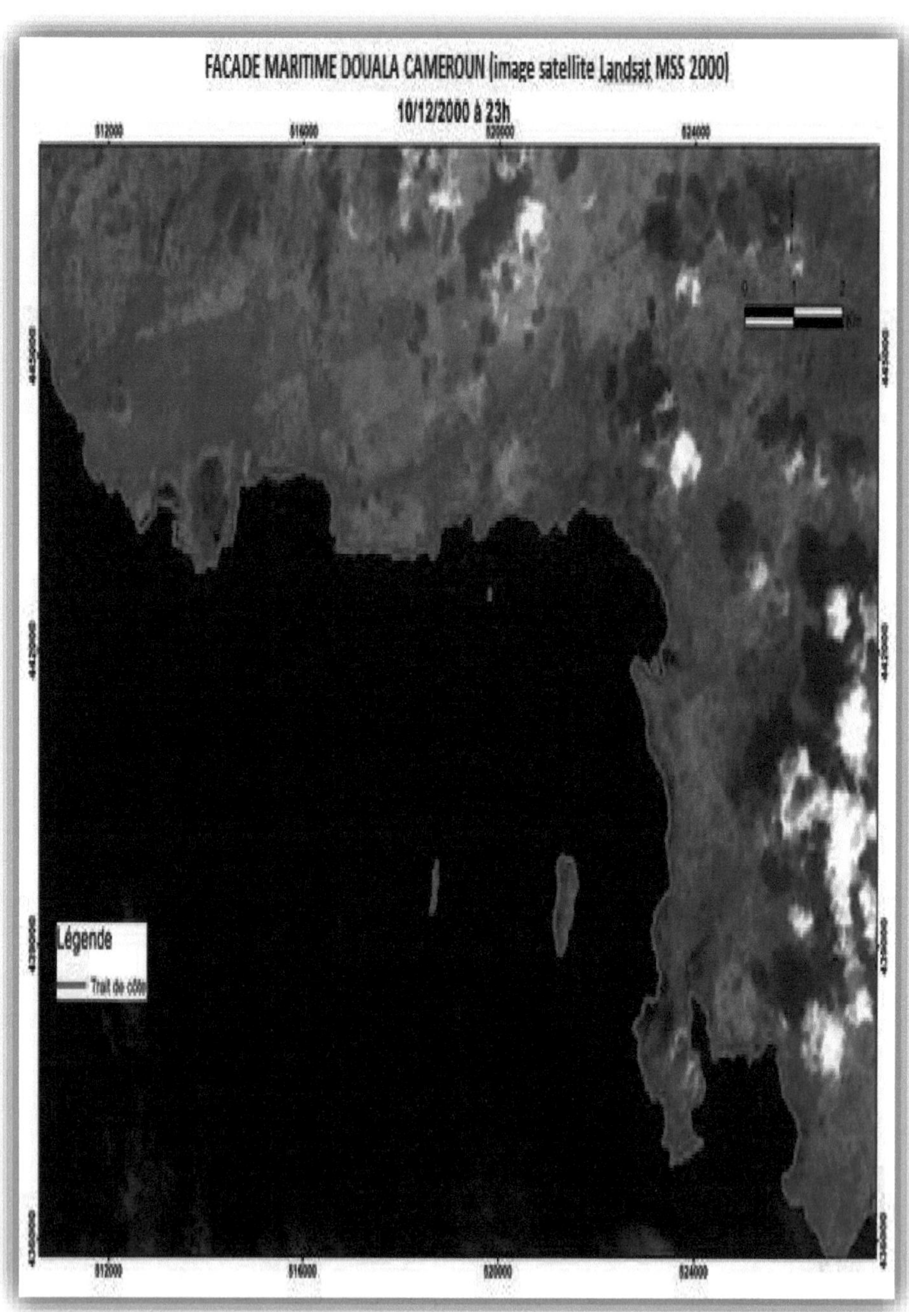
FACADE MARITIME DOUALA CAMEROUN (image satellite Landsat MSS 2000)
10/12/2000 à 23h
Légende
Trait de côte

# Trait de la côte de Douala en 2015

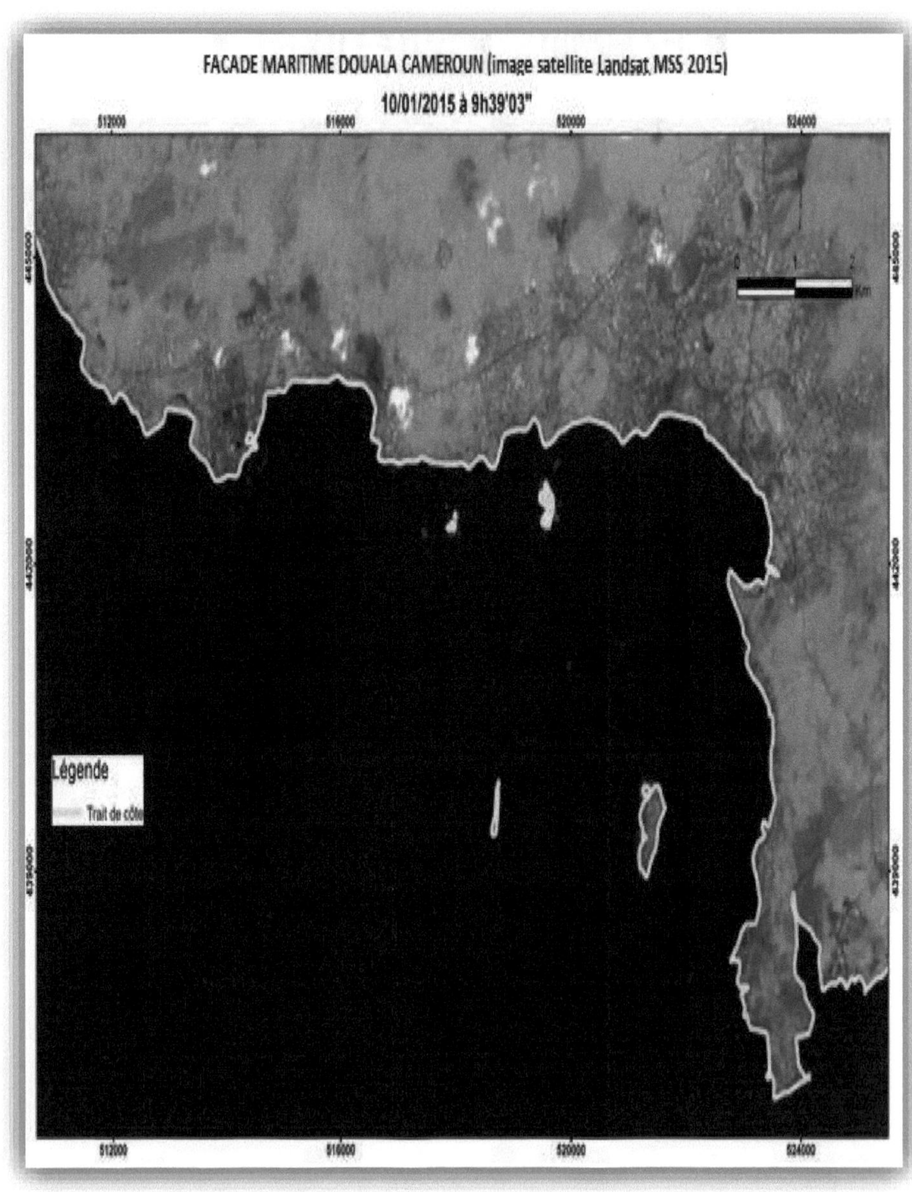


Source : Motchemien (2015)

Elle est toutefois très loin des valeurs trouvées sur les côtes togolaises et béninoises où la dérive littorale serait plus prononcée sur les côtes. Blivi (2001) ressort la situation évidemment significative au Bénin où le recul est également estimé à 12 mètres par an sur un segment de côtes d'environ 5 km depuis plus d'une dizaine d'années et qu'au Togo, la conséquence fut la modification à deux reprises de la route internationale côtière Accra-Cotonou, la perte de terrain et le déplacement des populations locales vivant exclusivement de produits de pêche. Ailleurs, même si les données disponibles sont moins alarmantes, elles ne sont pas moins préoccupantes. En Côte d'Ivoire, les vitesses de l'érosion varient en moyenne de un à trois mètres par an.

Ce recul du trait de côte à Douala d'environ 5 m suite à une remontée du niveau marin d'environ 5 cm depuis 1978 laisse place aux espaces favorables aux intrusions salines des eaux de l'océan. Ceci a entraîné la perte des terrains, l'abandon des bâtis, la prolifération des parasites ainsi que des pertes socio-économiques sans précédent dans la ville de Douala comme dans plusieurs villes côtières comme décrites par plusieurs chercheurs.

**Superposition des traits de Côtes à la façade maritime de Douala.**

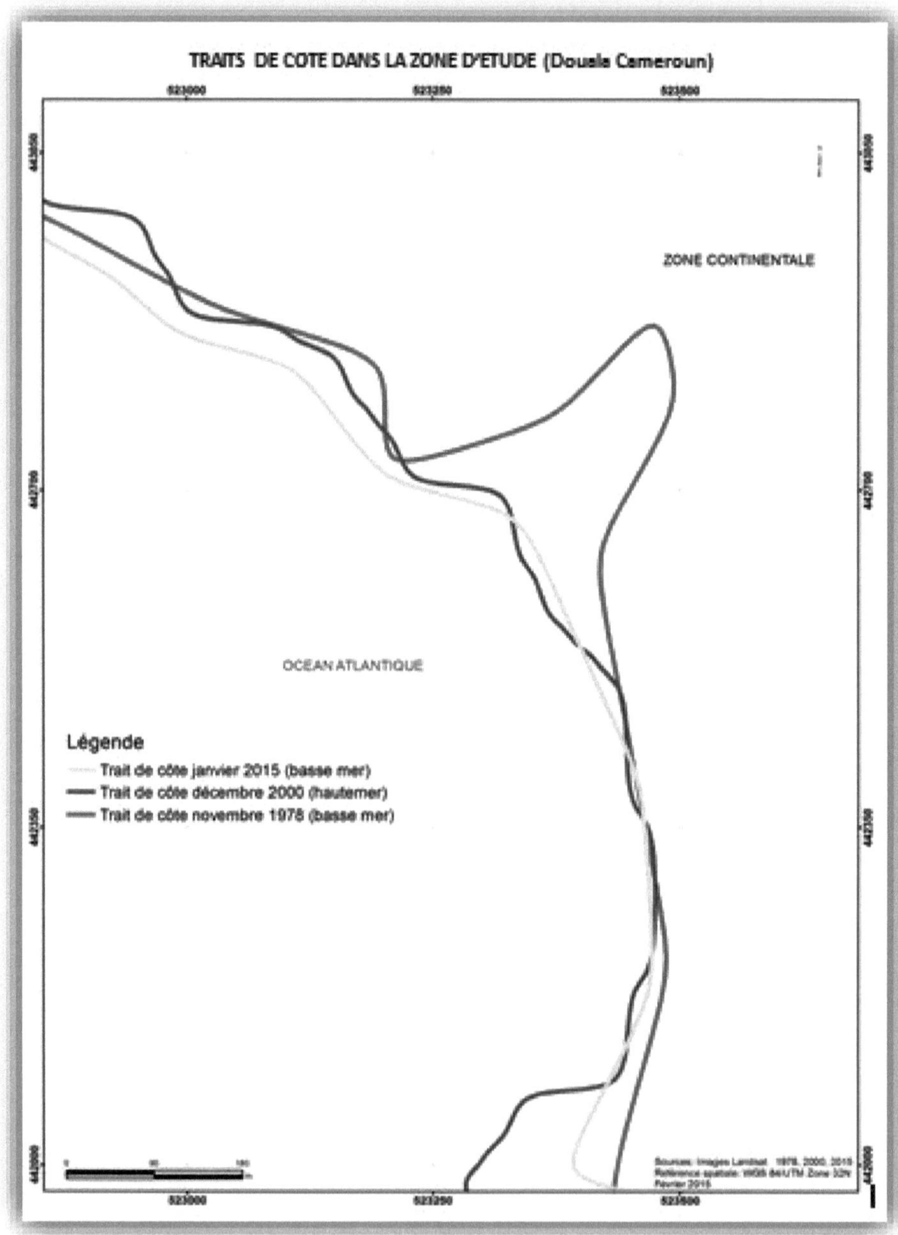

On assistera beaucoup plus à des pertes d'infrastructures, des pertes économiques et si possible des pertes humaines si les mesures de résilience et d'adaptation ne sont pas mises en œuvre d'autant plus que cela sera suite à l'évolution linéaire du trait de côte de 11,15 m en 2050 et à 15,93 m en 2100 comme le montre la figure ci-dessous.

**Projection du recul de trait de côtes pour 2050 et 2100.**

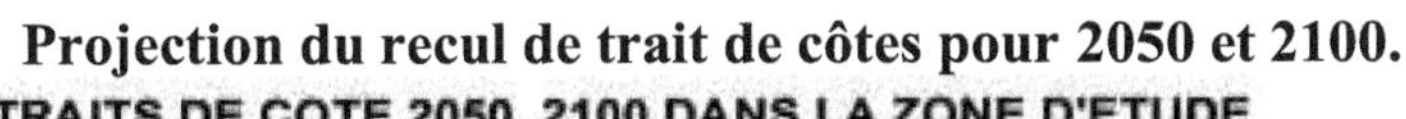

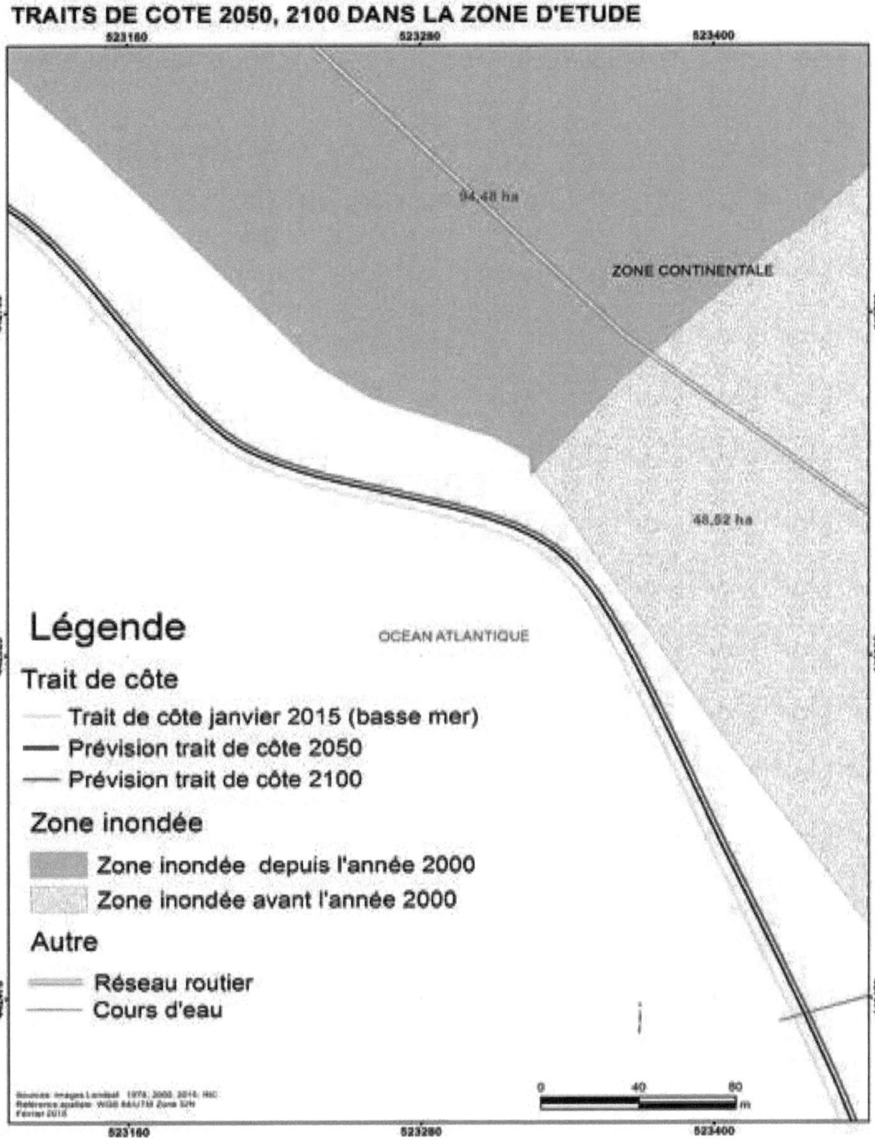

À Douala, les risques liés à une montée du niveau de la mer se manifestent par des phénomènes d'érosion en premier lieu, puis une salinisation des aquifères côtiers et des sols, voire leur submersion totale. La vulnérabilité est d'autant plus marquée que le modelé topographique des terres sur les côtes est bas, et les terres sont constituées de matériaux meubles et perméables.

Ainsi donc, pour déterminer les risques du changement climatique sur les réserves d'eau douce de la ville de Douala, il importe d'analyser les caractéristiques des eaux de l'océan Atlantique.

### 4.1.4. Caractéristiques de l'eau dans l'Océan Atlantique

L'océan Atlantique est l'un des cinq océans de la Terre. Sa superficie de 106 millions de $km^2$ en fait le deuxième par la surface derrière l'océan Pacifique. Trois paramètres fondamentaux caractérisent l'océan : la température, la salinité et la pression due à la profondeur. Un océan est souvent défini, en géographie, comme une vaste étendue d'eau salée (Papon P., 1996 ; Vanney JR., 2001 ; Ardron J. et al., 2009).

On dit qu'elle est « salée » parce qu'elle contient des substances dissoutes, les sels, constitués d'ions principalement des ions halogénures comme l'ion chlorure et des ions alcalins comme l'ion sodium. On trouve 30 à 40 grammes de sels dissous pour un kilogramme d'eau d'océan. L'eau salée s'oppose à l'eau douce, qui contient moins d'un gramme de sels dissous par kilogramme. La masse volumique de l'eau de mer à la surface est d'environ 1,025 g/ml, supérieure de 2,5 % à celle de l'eau douce (1 g/ml) à cause de la masse du sel et de l'électrostriction (Halley E., 1715 ; Etzion Z. et Yagil R., 1987).

La grande particularité de l'eau de l'océan est que les proportions relatives de ses constituants sont sensiblement constantes (c'est-à-dire indépendantes de la salinité) ; cette propriété a été établie par le chimiste allemand William Dittmar (1876) et permet de considérer l'eau de l'océan comme une solution de onze constituants majeurs à savoir, le chlorure, l'ion sodium, le sulfate, l'ion magnésium, l'ion calcium, l'ion potassium, le bicarbonate, le bromure, l'acide borique, le carbonate et le fluorure. La loi de Dittmar permet ainsi de déterminer la salinité de l'eau de l'océan par une seule mesure : de la concentration d'un de ces constituants (par exemple, $Cl^{-}$) ou d'une des propriétés physiques de l'eau de mer à une température donnée (comme la densité relative, l'indice de réfraction ou la conductivité).

Ainsi donc, l'analyse de la salinité de l'eau de l'océan Atlantique faite par Banner M. L. and Peirson W. L., 1998 ; Ardhuin F. et al., 2009 est résumée dans le tableau et la figure ci-dessous. Ce tableau n'a retenu que les constituants majeurs, c'est-à-dire ceux qui sont présents en concentration supérieure à 1 mg/kg.

**Composition de l'eau dans l'Océan Atlantique.**

| Ions | Concentration (g/L) | Proportion (%) |
|---|---|---|
| **Sodium $Na^+$** | 11,1566 | 30,77 |
| **Magnésium $Mg^{2+}$** | 1,336 3 | 3,68 |
| **Calcium $Ca^{2+}$** | 0,426 9 | 1,18 |
| **Potassium $K^+$** | 0,4133 | 1,19 |
| **Chlorure $Cl^-$** | 20,048 | 55,28 |
| **Sulfates $SO_4^{2-}$** | 2,809 | 7,75 |
| **Bore total B** | 0,004 6 | 0,01 |
| **Bromure $Br^-$** | 0,0697 | 0,19 |
| **Salinité totale** | 36,264 | 100,00 |

Source : Ardhuin F. et al., 2009

**Proportion des ions présents dans l'eau de mer**

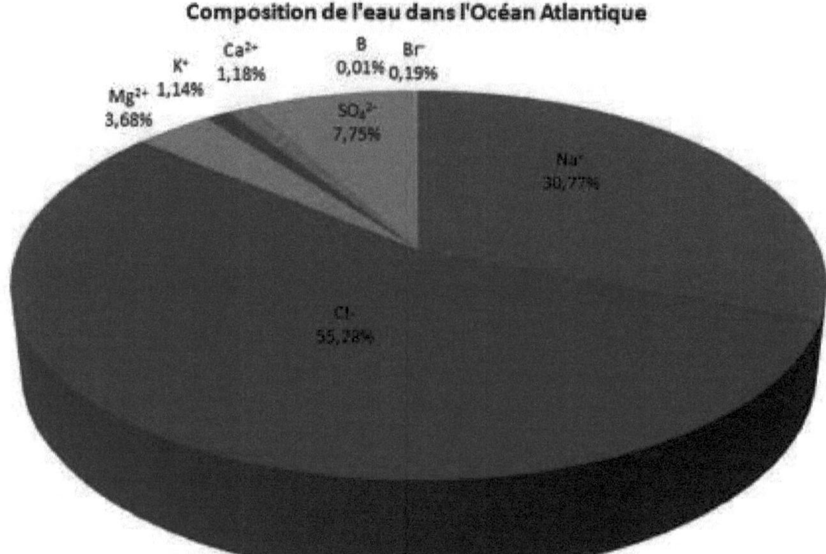


Source : Ardhuin F. et al., 2009.

L'ensemble des espèces citées représente plus de 99,9 % de la masse totale de substances dissoutes dans l'eau de l'océan.

Tous les secteurs seraient affectés par cette évolution, qui se traduirait par une multiplication des conflits d'usage, une dégradation de la qualité des eaux douces et par la perturbation des écosystèmes aquatiques ou dépendants de la ressource en eau. L'adaptation de chaque secteur au changement climatique passera par une meilleure gestion de la consommation d'eau : l'adaptation de la demande et des besoins en eau est un axe prioritaire. Quant à l'adaptation de l'offre, elle devra impérativement relever de l'adaptation planifiée afin d'en étudier préalablement les impacts. L'évaluation du coût potentiel de ces mesures d'adaptation ne pourra se faire qu'au travers d'investigations locales. Elles pourraient représenter des investissements et des dépenses de fonctionnement très importants.

Le premier objectif de cette étude visait à déterminer les effets du changement climatique sur la qualité des eaux dans la ville de Douala. Dans le cadre de ce travail de recherche, nous nous appesantissons uniquement sur la salinité des eaux, car le processus de désalinisation permet de résoudre tous les autres problèmes de qualité des eaux.

### 4.2. Détermination des coûts de désalinisation et stratégie d'adaptation.

La mise en œuvre d'ACB signifie que l'évaluation des bénéfices doit être possible sur ces territoires relativement étendus que sont les masses d'eau (dépassant tout au moins un tronçon de rivière) ou un ensemble de masses d'eau (sous bassin), et ceci de façon systématique. Jusqu'alors, les évaluations économiques qui ont été menées se sont appuyées sur deux principales approches (Chegrani P., 2006) :

- Par la demande (demande sociale pour une qualité d'environnement) : évaluation contingente (préférences déclarées, à travers le questionnement direct des individus), méthodes des prix hédonistes et des coûts de déplacement (préférences révélées, à partir de marchés réels dans l'immobilier et les transports).

- Par l'offre (coûts mis en œuvre pour lutter contre une dégradation de la qualité environnementale) : méthodes des coûts d'évitement (traitement de la pollution avant qu'elle n'affecte le milieu) et des coûts de restauration (restaurer le milieu une fois qu'il est touché).

L'approche par l'offre a permis des calculs de coûts pour la ressource en eau pour la ville de Douala, à partir de références unitaires et des données auxquelles il faut les appliquer. L'évaluation des bénéfices selon la théorie microéconomique s'appuie toutefois sur la demande. Mais mettre en œuvre de telles méthodes à grande échelle nécessite du temps pour analyser les valeurs existantes et déterminer celles qui sont absentes.

Les technologies actuelles de dessalement des eaux sont classées en deux catégories, selon le principe appliqué :

- Les procédés thermiques faisant intervenir un changement de phases : la congélation et la distillation.

- Les procédés utilisant des membranes : l'osmose inverse et l'électrodialyse.

Parmi les procédés précités, la distillation et l'osmose inverse sont des technologies dont les performances ont été prouvées pour le dessalement d'eau de mer. En effet, ces deux procédés sont les plus commercialisés dans le marché mondial du dessalement. Les autres techniques n'ont pas connu un essor important dans le domaine à cause des problèmes liés généralement à la consommation d'énergie et/ou à l'importance des investissements qu'ils requièrent. Quel que soit le procédé de séparation du sel et de l'eau envisagé, toutes les installations de dessalement comportent 4 étapes :

- une prise d'eau de mer avec une pompe et une filtration grossière,
- un prétraitement avec une filtration plus fine, l'addition de composés biocides et de produits anti-tartre,
- le procédé de dessalement lui-même,
- le post-traitement avec une éventuelle reminéralisation de l'eau produite.

À l'issue de ces 4 étapes, l'eau de mer est rendue potable ou utilisable industriellement, elle doit alors contenir moins de 0,5 g de sel par litre.

Par contre, la filière classique de traitement, quelle que soit l'origine de l'eau, est constituée d'une désinfection (étape obligatoire) précédée au plus par trois types de traitements : étapes de prétraitement, étapes de clarification et étapes d'affinage. Schématiquement, elle est représentée par :

Pompage → Prétraitement → Clarification → Affinage →

Désinfection → Distribution

La plus utilisée de ces méthodes de dessalement est l'osmose inverse à cause de sa faible consommation d'énergie comparativement à la distillation. Cependant, qu'importe la technique de dessalement, la mise sur pied d'une usine de désalinisation entraîne des charges fixes très importantes. En effet, au début de l'année 2008, un pays comparable au Cameroun à savoir l'Algérie a annoncé la construction d'une usine de dessalement pour un coût fixe de 250 millions de dollars soit environ 125 milliards de francs CFA.

En outre, cette technique de potabilisation entraîne des coûts variables importants notamment du point de vue de la consommation de l'énergie. La plupart des scientifiques conviennent que pour séparer l'eau du sel, il faut une consommation d'énergie comprise entre 4 et 5 Kw (Renaudin V. et Champion G., 2004 ; Belghazi A., 2014 ; Dunglas J., 2014) pour le traitement d'un mètre cube d'eau, et ce, au prix de 99 francs CFA le kW au Cameroun pour la tranche industrielle. Ceci étant, le coût variable de production par dessalement d'un mètre cube d'eau potable dans une ville comme Douala doit être compris entre 396 et 495 francs CFA en dehors du coût de la main-d'œuvre.

Pourtant, la potabilisation d'un mètre cube d'eau quand celle-ci n'est pas salée coûte entre 18,010 928 7 et 21,200 108 7 francs CFA (ce coût intègre le prix des produits de traitement et de l'énergie, mais par le coût de la main-d'œuvre) suivant le compte d'exploitation ou la base de données de la Camerounaise Des Eaux station de Douala. Ainsi donc, la salinité des eaux douces entraînerait un coût supplémentaire de l'ordre de 377,989 071 3 à 473,799 891 3 francs CFA par mètre cube d'eau produite.

La détermination du coût total de production d'eau potable dans la ville de Douala passe sans nul doute par la détermination du nombre d'habitants de cette ville et la consommation en eau par habitant. Pour ce faire, Fonteh (2003) estime que la population de Douala continuera de croître au taux de 3,5 % par an jusqu'en 2050 par rapport à son niveau de 2000. Ainsi donc, une estimation de la population de la ville de Douala sera de 3 712 256,03 ; 5 059 423,92 ; 11 956 658,2 respectivement en 2016, 2025, 2050.

Suivant l'OMS (2003, 2008), entre 50 et 100 litres d'eau par personne et par jour sont nécessaires pour répondre aux besoins les plus fondamentaux et limiter les préoccupations d'ordre sanitaire. L'accès à une quantité de 20 à 25 litres d'eau par personne et par jour représente un niveau minimum, mais il est insuffisant pour répondre aux besoins fondamentaux en matière d'hygiène et de consommation, ce qui suscite des préoccupations sur le plan sanitaire. Ces chiffres ont un caractère indicatif dans la mesure où ils peuvent varier en fonction du contexte et être différents pour certains groupes eu égard à leur situation sur les plans sanitaire, professionnel ou climatique, ou à d'autres facteurs. Dans le cadre de cette étude, on prendra la moyenne de la consommation par personne à savoir 75 litres par jour soit 27 375 litres par an (environ 27,4 m$^3$ par an). Les tableaux ci-dessous présentent les résultats d'estimation et de simulation des coûts totaux variables de production de l'eau potable dans la ville de Douala suivant la salinité ou non de l'eau douce.

Toutefois, ces différents coûts sont déterminés au prix courant des facteurs en 2015. Il importe donc de trouver leurs valeurs futures. Les économistes évaluent les coûts et bénéfices futurs au travers de l'utilisation d'un taux d'escompte. On estime que les coûts et bénéfices du futur ont une valeur monétaire inférieure aux coûts et bénéfices du présent, l'ampleur de la différence dépendant du choix du taux d'escompte.

**Estimation et simulation du coût variable de production de l'eau potable par dessalement à Douala.**

| Année (1) | Population (2) | Volume de consommation annuelle de l'eau/habitant en m$^3$ (3) | Consommation totale de l'eau en m$^3$ (4) | Coût unitaire de production de l'eau potable après dessalement au prix courant en fcfa (5) | Coût variable total de dessalement au prix courant en milliards de fcfa (6) = (4)*(5) |
|---|---|---|---|---|---|
| 2016 | 3 712 256 | 36,5 | 135 497 344 | - 396<br>- 495 | 53,66<br>67,07 |
| 2025 | 5 059 424 | 36,5 | 184 668 972 | - 396<br>- 495 | 73,13<br>91,41 |
| 2050 | 11 956 658 | 36,5 | 436 418 021 | - 396<br>- 495 | 172,82<br>216,03 |

Source : Auteur

**Estimation et simulation du coût variable de l'eau par un schéma classique dans la ville de Douala.**

| Année<br>(1) | Population<br>(2) | Volume de consommation annuelle de l'eau/habitant en m3<br>(3) | Consommation totale probable en m3<br>(4) | Coût unitaire de production de l'eau potable au prix courant en fcfa (sans dessalement)<br>(5) | Coût variable totale de traitement au prix courant en milliards de fcfa (6) = (4)*(5) |
|---|---|---|---|---|---|
| 2016 | 3 712 256 | 36,5 | 135 497 344 | 18,0109287<br>21,2001087 | 2,440<br>2,873 |
| 2025 | 5 059 424 | 36,5 | 184 668 972 | 18,0109287<br>21,2001087 | 3,326<br>3,915 |
| 2050 | 11 956 658 | 36,5 | 436 418 021 | 18,0109287<br>21,2001087 | 7,860<br>9,252 |

Source : Auteur

Le choix du taux d'escompte devient encore plus important selon que l'on s'éloigne dans le temps. Toutefois, le succès médiatique du rapport Stern a contribué à la prise de conscience de l'ampleur potentielle des impacts du changement climatique ; l'intérêt d'une évaluation par les coûts est clair dans une perspective de sensibilisation et d'implication des acteurs, même si les méthodes utilisées restent sujettes à débat. Le rapport présente une analyse du changement climatique à travers le prisme de l'économie du risque, avec un parti-pris éthique qui ne pénalise pas les générations futures (faible taux d'actualisation). Ainsi, nous allons choisir plusieurs taux d'escompte différents qui ont été utilisés dans plusieurs analyses coûts-bénéfices relatives au changement climatique à savoir 1 % ; 3 % ; 5 % ; 7 % (Harris J. M. et al., 2014).

En appliquant ces taux aux différents coûts variables, on obtient le tableau et les schémas d'évolution des coûts variables unitaires suivants.

**Évolution du coût de désalinisation de l'eau**

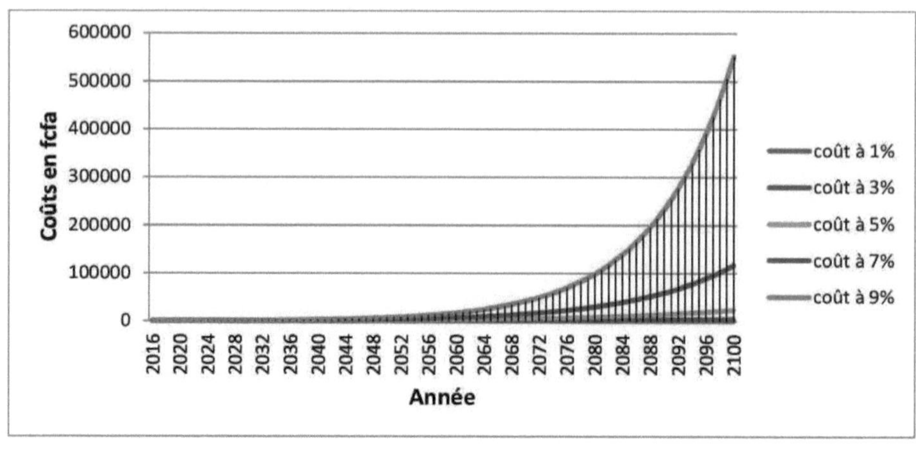


Source : Auteur

Au travers des figures 4.8 ; 4,9 ; 4,10, on constate que plus le taux d'escompte est faible, plus on accorde aujourd'hui de valeur à l'avenir et plus les décisions actuelles prendront en compte ce qui se passera dans plusieurs décennies. À l'inverse, plus le taux d'actualisation est élevé, moins on tiendra compte aujourd'hui de ce qui peut se passer dans un futur lointain.

**Estimation et projection du coût variable unitaire de production de l'eau potable en FCFA.**

| Taux d'actualisation (1) | Année (2) | Coût futur de production de l'eau potable par dessalement (3) | Coût de production de l'eau potable par voie classique (4) | Coût supplémentaire prévisionnel (5) = (3)-(4) |
|---|---|---|---|---|
| 0% | 2015 | 396 | 18,0109287 | 377,9890713 |
| | | 495 | 21,2001087 | 473,7998913 |
| 1% | 2025 | 433,099368 | 19,6982875 | 413,4010805 |
| | | 541,374210 | 23,1862467 | 518,1879630 |
| | 2035 | 478,411144 | 21,7591642 | 456,6519800 |
| | | 598,013930 | 25,6120411 | 572,4018890 |
| | 2050 | 555,420487 | 25,2617141 | 530,1587724 |
| | | 694,275608 | 29,7347846 | 664,5408240 |
| | 2060 | 613,529758 | 27,9046483 | 585,6251100 |
| | | 766,912198 | 32,8457009 | 734,0664970 |
| | 2070 | 677,718546 | 30,8240919 | 646,8944540 |
| | | 847,148182 | 36,2820880 | 810,8660940 |
| | 2080 | 748,622900 | 34,0489739 | 714,5739260 |
| | | 935,778625 | 40,0779971 | 895,7006280 |
| | 2090 | 826,945419 | 37,6112500 | 789,3341690 |
| | | 1 033,681770 | 44,2710424 | 989,4107320 |
| | 2100 | 913,462207 | 41,5462189 | 871,9159878 |
| | | 1 141,827760 | 48,9027729 | 1 092,9249900 |
| 3% | 2025 | 516,690181 | 23,5001768 | 493,1900040 |
| | | 645,862726 | 27,6613333 | 618,2013930 |
| | 2035 | 694,388397 | 31,5822725 | 662,8061250 |
| | | 867,985496 | 37,1745189 | 830,8109770 |
| | 2050 | 1 081,834500 | 49,2041515 | 1 032,6303500 |
| | | 1 352,293120 | 57,9166892 | 1 294,3764300 |
| | 2060 | 1 453,895100 | 66,1262651 | 1 387,7688400 |
| | | 1 817,368880 | 77,8351873 | 1 739,5336900 |
| | 2070 | 1 953,913440 | 88,8681708 | 1 865,0452700 |
| | | 2 442,391800 | 104,6039830 | 2 337,7878200 |
| | 2080 | 2 625,896270 | 119,4313900 | 2 506,4648800 |
| | | 3 282,370340 | 140,5790060 | 3 141,7913400 |
| | 2090 | 3 528,985010 | 160,5058020 | 3 368,4792100 |
| | | 4 411,231270 | 188,9264290 | 4 222,3048400 |
| | 2100 | 4 742,660760 | 215,7063760 | 4 526,9543900 |
| | | 5 928,325950 | 253,9013220 | 5 674,4246300 |
| 5% | 2025 | 614,325974 | 27,9408619 | 586,38511200 |
| | | 767,907467 | 32,8883268 | 735,01914000 |
| | 2035 | 1 000,672280 | 45,5127198 | 955,15955800 |
| | | 1 250,840350 | 53,5716188 | 1 197,2687300 |
| | 2050 | 2 080,325800 | 94,6176757 | 1 985,7081200 |
| | | 2 600,407240 | 111,3715480 | 2 489,0357000 |
| | 2060 | 3 388,631510 | 154,1222240 | 3 234,5092900 |
| | | 4 235,789390 | 181,4125160 | 4 054,3768700 |
| | 2070 | 5 519,723660 | 251,0488620 | 5 268,6748000 |
| | | 6 899,654570 | 295,5018730 | 6 604,1527000 |

| Taux d'actualisation<br><br>(1) | Année<br><br>(2) | Coût futur de production de l'eau potable par dessalement<br><br>(3) | Coût de production de l'eau potable par voie classique<br><br>(4) | Coût supplémentaire prévisionnel<br><br>(5) = (3)-(4) |
|---|---|---|---|---|
| | **2080** | 8 991,048210 | 408,9321420 | 8 582,1160700 |
| | | 11 238,81030 | 481,3414130 | 10 757,468900 |
| | **2090** | 14 645,47010 | 666,1073690 | 13 979,362800 |
| | | 18 306,83760 | 784,0544410 | 17 522,783200 |
| | **2100** | 23 855,92760 | 1 085,018710 | 22 770,908900 |
| | | 29 819,90950 | 1 277,142070 | 28 542,767400 |
| 7% | **2025** | 728,029848 | 33,1123578 | 694,917490 |
| | | 910,037310 | 38,9755351 | 871,061775 |
| | **2035** | 1 432,144900 | 65,1370196 | 1 367,007880 |
| | | 1 790,181130 | 76,6707769 | 1 713,510350 |
| | **2050** | 3 951,332960 | 179,7150910 | 3 771,617870 |
| | | 4 939,166200 | 211,5370920 | 4 727,629110 |
| | **2060** | 7 772,870000 | 353,5267860 | 7 419,343210 |
| | | 9 716,087500 | 416,1254770 | 9 299,962020 |
| | **2070** | 15 290,41180 | 695,4406970 | 14 594,97110 |
| | | 19 113,01470 | 818,5817970 | 18 294,43290 |
| | **2080** | 30 078,55430 | 1 368,037110 | 28 710,51710 |
| | | 37 598,19280 | 1 610,274290 | 35 987,91850 |
| | **2090** | 59 169,06880 | 2 691,136060 | 56 477,93280 |

Source : Auteur

**Évolution du coût de production de l'eau potable suivant le schéma classique.**

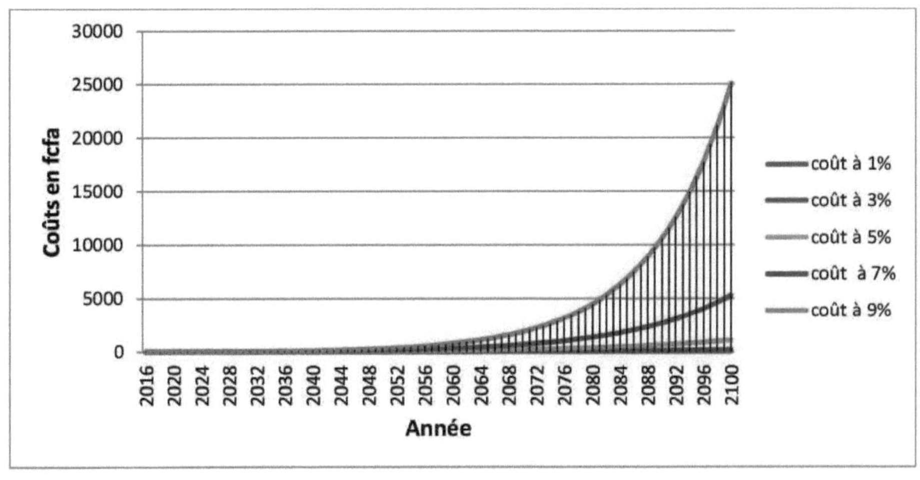


Source : Auteur

**Évolution du coût supplémentaire de l'eau potable.**

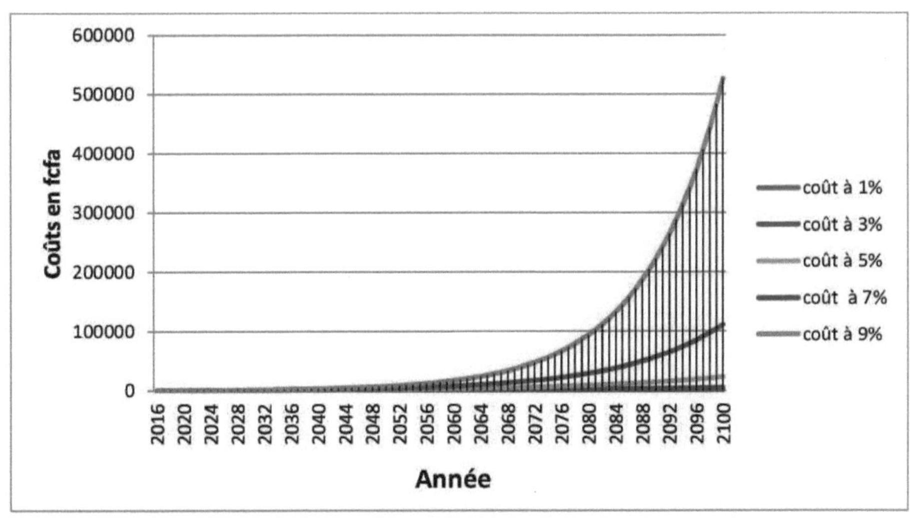


Source : Auteur

Le dessalement de l'eau de mer est parfois présenté comme la solution miracle aux problèmes de rareté de l'eau potable. Outre le fait qu'elle demeure difficilement accessible financièrement aux pays pauvres (en revenus ou en pétrole), ces technologies demeurent de grosses consommatrices d'énergie et la question de leur impact environnemental est loin d'être résolue. Trop souvent, la mise en place d'installations de dessalement est un moyen de contourner des problèmes criards de gâchis ou de mauvaise gouvernance de l'eau et d'esquiver les réformes nécessaires.

Envisagée comme une politique complémentaire à l'atténuation, l'adaptation (cf. annexe 3) permettra de limiter les coûts des impacts du changement climatique de manière significative, voire de les transformer en opportunités dans certains cas. Il existe un degré de confiance élevé en ce que l'adaptation permet de réduire la vulnérabilité, en particulier à court terme. Si l'adaptation spontanée peut déjà permettre de limiter les impacts négatifs du changement climatique, il est à noter qu'une adaptation non organisée peut également conduire à les amplifier ou à en limiter les bénéfices : c'est le cas de l'énergie, avec le développement spontané de la climatisation qui participe à augmenter la consommation d'énergie en été de manière significative et donc les émissions de gaz à effet de serre ; ou encore de l'agriculture, où une hausse spontanée de l'irrigation ne peut être compatible avec la diminution de la disponibilité de l'eau. Ceci souligne l'importance de coordonner et d'organiser l'adaptation afin d'éviter ces écueils.

Les mesures d'adaptation nécessaires à la montée des eaux peuvent être classées dans les six catégories suivantes :

1) renforcement des ouvrages de protection avec élévation des crêtes ;
2) rehaussement des ouvrages d'accostage et adaptation des équipements ;
3) rehaussement des terre-pleins en arrière-quais ;
4) travaux de dragage des fonds marins ;
5) réaménagement des ouvrages ;
6) prévention d'ouvrages absorbeurs et amortisseurs de houles.

La stratégie d'adaptation la plus utilisée pour résoudre le problème de la montée des eaux ou des inondations est la construction des digues. L'objectif alloué aux digues est de contenir les flots pour éviter une inondation. Une digue est un remblai longitudinal, naturel ou artificiel, le plus souvent composé de terre. La priorité va consister à augmenter la capacité de seuil en construisant des digues plus hautes et en améliorant la capacité de stockage et les infrastructures de distribution. La fonction principale de cet ouvrage est d'empêcher la submersion des basses terres se trouvant le long de la digue par les eaux d'un lac, d'une rivière ou de la mer. Les coûts de construction des digues sont très variables selon les sites (abrité ou non, maritime, canal ou fleuve). Il est en réalité très difficile de donner des coûts moyens standards par équipement ou par infrastructure, puisque ces coûts sont liés à de nombreux critères (bathymétrie, topographie, géotechnique, courantologie, etc.) spécifiques à chaque site, ainsi qu'à l'usage de l'équipement : accueil de navires de plaisance, de commerce ; équipements démontables, ou utilisés à l'année.

Le coût de construction du port en eau profonde de Kribi a été évalué à près de 451,270 milliards de francs CFA. Ce coût n'est d'ailleurs par loin de celui adopté par la Tunisie, dont le coût total du plan d'action en matière d'adaptation des zones côtières de la Tunisie face à la montée du niveau de la mer, est estimé à 1460 millions DT (Dinars tunisiens) soit environ 1 milliard de Dollars US (King L. et al., 2OO5) soit environ 500 milliards de francs CFA. Les résultats de la comparaison de ce coût avec les coûts supplémentaires induits par la salinisation des eaux douces sont présentés dans le tableau 4.11 à la page qui suit. Les dépenses évitées pour le traitement de l'eau potable (en raison de l'amélioration de la qualité des eaux brutes) font partie des bénéfices marchands pour les usagers actuels. Pour certains secteurs, on observera à la fois des coûts et des opportunités selon l'impact étudié, si bien qu'il est parfois difficile de déterminer le signe de l'impact « net » du changement climatique.

Le coût des dommages liés aux inondations par débordement de cours d'eau pourrait également être significatif, avec ici, des incertitudes importantes qui demeurent quant à l'impact attendu et la difficulté de distinguer les coûts induits par le seul changement climatique. Quant au coût relatif aux aléas gravitaires, il n'a pas été évalué du fait d'un grand besoin de connaissances. Il est cependant à souligner le fort impact sociétal qu'ont les catastrophes associées à ces aléas, pouvant entraîner des pertes en vies humaines et des coûts importants très localisés.

On se rend bien évidemment compte que le coût de l'inaction sera beaucoup plus important que celui de l'action au cours du temps et en fonction du taux d'escompte. En effet, la construction des digues aujourd'hui pour enrayer le phénomène des inondations et de l'infiltration des eaux salées dans les réserves d'eau douce, permettrait à la ville de Douala de réaliser d'énormes économies au fil du temps comme le présente le tableau ci-dessous. Ce tableau nous fait voir que d'ici 2035 et pour un taux d'escompte compris entre 1 % et 7 % il est préférable de dessaler l'eau que de construire une digue. Toutefois les bénéfices d'agir aujourd'hui peuvent être encore plus importants si on intègre dans le coût de l'inaction le coût des dommages de la montée des eaux ou des inondations sur les autres biens tant marchands que non marchands (pertes en vies humaines, destruction des bâtiments, etc.).

## Présentation des bénéfices de l'action

| Taux d'actualisation (1) | Année (2) | Volume d'eau consommée probable en millions de m3 (3) | Coût variable unitaire supplémentaire prévisionnel (4) | Coût de l'inaction en milliards de fcfa (5)= (3)*(4) | coût de construction de la digue ou coût de l'action en milliards de fcfa (6) | Economies ou Bénéfice réalisé en milliards de fcfa (7)=(5)-(6) |
|---|---|---|---|---|---|---|
| **1%** | **2025** | 184, 668 972 | 413,4010805 | 76,342 | 451, 270 | -374,928 |
| | | | 518,187963 | 95,693 | | -355,577 |
| | **2035** | 260, 493 822 | 456,65198 | 118,955 | 451,270 | -332,315 |
| | | | 572,401889 | 149,107 | | -302,163 |
| | **2050** | 436, 418 021 | 530,1587724 | 231,371 | 451, 270 | -219,899 |
| | | | 664,540824 | 290,018 | | -161,252 |
| **3%** | **2025** | 184, 668 972 | 493,190004 | 91,077 | 451, 270 | -360,193 |
| | | | 618,201393 | 114,163 | | -337,107 |
| | **2035** | 260, 493 822 | 662,806125 | 172,657 | 451,270 | -278,613 |
| | | | 830,810977 | 216,421 | | -234,849 |
| | **2050** | 436, 418 021 | 1032,63035 | 450,658 | 451, 270 | -0,612 |
| | | | 1294,37643 | 564,889 | | 113,619 |
| **5%** | **2025** | 184, 668 972 | 586,385112 | 108,287 | 451, 270 | -342,983 |
| | | | 735,01914 | 135,735 | | -315,535 |
| | **2035** | 260, 493 822 | 955,159558 | 248,813 | 451,270 | -202,457 |
| | | | 1197,26873 | 311,881 | | -139,389 |
| | **2050** | 436, 418 021 | 1985,70812 | 866,599 | 451, 270 | 415,329 |
| | | | 2489,0357 | 1086,260 | | 634,990 |
| **7%** | **2025** | 184, 668 972 | 694,91749 | 128,33 | 451, 270 | -322,940 |
| | | | 871,061775 | 160,858 | | -290,412 |
| | **2035** | 260, 493 822 | 1367,00788 | 356,097 | 451,270 | -95,173 |
| | | | 1713,51035 | 446,359 | | -4,911 |
| | **2050** | 436, 418 021 | 3771,61787 | 1646 | 451, 270 | 1194,730 |
| | | | 4727,62911 | 2063,22 | | 1611,95 |
| **9%** | **2025** | 184, 668 972 | 820,951924 | 151,604 | 451,270 | -299,666 |
| | | | 1029,0428 | 190,032 | | -261,238 |
| | **2035** | 260, 493 822 | 1943,49176 | 506,268 | 451,270 | 54,998 |
| | | | 2436,11854 | 634,59 | | 183,32 |
| | **2050** | 436, 418 021 | 7079,13466 | 3089,46 | 451,270 | 2638,19 |
| | | | 8873,51906 | 3872,56 | | 3421,29 |

Source : Auteur

Par contre, pour certains chercheurs dans le domaine du changement climatique, le réchauffement climatique a déjà amorcé une montée de la mer. Les phénomènes d'érosion du trait de côte et de dégradation des digues tendent à augmenter, l'attitude naturelle qui consiste à résister face à la montée du niveau de la mer est techniquement et financièrement impossible. Forts de ce constat, ils cherchent à faire admettre d'autres stratégies d'adaptation à la montée du niveau des eaux, en particulier le « recul stratégique ».

Une solution qui consiste à laisser reculer la côte et à relocaliser les activités et les infrastructures en conséquence. Le message à faire passer est le suivant : la défense contre la mer à coup de digues et d'enrochement, chère et inefficace, doit laisser la place à une intervention plus limitée, tenant compte des évolutions naturelles du trait de côte. Il s'agit aussi de casser la « spirale de l'aménagement hydraulique » : après une inondation ayant causé des dommages, des mesures de protection sont prises qui entraînent une certaine réduction de la fréquence des crues et un oubli du danger potentiel. Les implantations dans ces zones « protégées » se multiplient jusqu'à ce qu'une nouvelle et plus forte crue vienne détruire des biens qui n'auraient pas dû se trouver là. Une protection n'est jamais absolue, une digue construite pour faire face à une crue rare sera toujours insuffisante pour résister à une crue encore plus rare.

# CONCLUSION, RECOMMANDATIONS ET PERSPECTIVES DE L'ÉTUDE

*« Une vision stratégique est une représentation du futur souhaité, à la fois rationnelle et intuitive, englobante et prospective »* ***Caron et Martel, 2005.***

## 5.1. CONCLUSION

Le travail que nous avons mené dans le cadre de cette recherche et qui portait sur l'impact potentiel du changement climatique sur le coût de l'offre de l'eau potable dans la ville de Douala au Cameroun nous a permis d'évaluer monétairement les effets du changement climatique sur l'offre en eau potable à Douala. Avant de rappeler les résultats auxquels nous sommes parvenus, il importe de nous resituer sur la problématique qui était la nôtre, les objectifs que nous avons voulu atteindre et qui nous ont amené à nous intéresser à un tel sujet et enfin la méthodologie que nous avons adoptée.

Ensuite, nous proposons quelques recommandations susceptibles de rendre durable la gestion des ressources en eau dans la ville de Douala. Enfin, quelques perspectives de notre étude sont soulevées afin d'améliorer toute recherche future sur la question.

### 5.1.1. Rappel de la problématique

La logique marchande a l'avantage de contraindre les acteurs à révéler leurs préférences, c'est-à-dire leurs dispositions à payer. Mais nous savons qu'elle comporte aussi des carences, notamment du fait des effets externes. La production et la consommation des biens et services, privés ou publics, se traduisent par des effets externes négatifs, non pris en compte par le marché et qui correspondent à un coût pour la collectivité. La question donc de l'adaptation des agents économiques à l'empreinte de l'Homme sur son environnement ou aux externalités a donné lieu à plusieurs études sur le plan de la théorie économique.

Pour Crozet Y. (1991) et le paradigme du passager clandestin, dès que l'usage d'un bien est indivisible tel que c'est le cas pour les ressources en eau douce, le comportement de l'agent va consister à essayer d'obtenir ce bien sans en supporter le coût. En effet, disposer d'une chose gratuitement est toujours préférable à l'obligation de la payer selon Lepage H. (1985). Par conséquent, la solution au risque de gaspillage et de sous-optimalité que fait peser l'attitude du passager clandestin passe par l'établissement de droits de propriété qui empêchent la manifestation des indivisibilités.

Les effets externes sont analysés par les théoriciens néoclassiques comme des défaillances par rapport au cadre de la concurrence parfaite. Par les gains ou les coûts supplémentaires imprévus qu'ils apportent, les effets externes faussent les calculs d'optimisation des agents économiques rationnels et sont source de mauvaise allocation des ressources limitées dont dispose une économie (ce qui empêche d'atteindre un état jugé optimal au sens de PARETO). L'agent va ainsi s'adapter en faisant entrer à l'intérieur de la configuration marchande idéale (à travers la taxe pigouvienne ou en le considérant comme facteur de production par exemple), ce qui au départ, lui est extérieur et rétablir par conséquent des possibilités d'une régulation marchande. Kuznet, trouve par ailleurs que les objectifs de protection de l'environnement et de développement économique sont plus difficilement conciliables que complémentaires et nécessitent des politiques élaborées. Il existe selon lui une relation en « U inversé » ou courbe environnementale de Kuznets, entre certains polluants et le produit brut d'un pays. Une telle relation suppose que les modes de consommation et de production évoluent dans le sens d'une demande croissante de qualité environnementale en fonction des revenus.

Pour George Perkins Marsh (1864) et Friedrich Ratzel (1882) tenant de l'économie destructrice, la rationalité des agents économiques et le jeu des prix n'ont pas opéré dans le sens d'une bonne gestion de la ressource naturelle. Il devient donc urgent de bâtir une économie écologique. Cette dernière contribuerait à la finition et à la modification du rapport des sociétés occidentales à la nature (René Passet, 1979). Le développement économique est conditionné dans ce cas, par l'efficience écologique (« ecological effectiveness ») du progrès technique appliqué aux activités économiques (Njomgang, 2005). Ce problème est distinct du problème de la croissance zéro posé dans les années cinquante par le Club de Rome. Il s'agit en effet non pas de ralentir la croissance pour en réduire les impacts environnementaux, mais plutôt d'instaurer une croissance dans laquelle le progrès technique augmente à la fois l'efficacité du capital matériel et la reproductibilité du capital naturel.

Ainsi, une externalité telle que le changement climatique qui engendre des pertes de bien-être de la part des agents (producteurs et consommateurs d'eau potable par exemple) provoque une modification de leurs (agents) comportements pour s'y adapter. À cet effet, l'inadéquation ou le déficit existant entre l'offre et la demande en eau potable au Cameroun et ce, malgré la forte demande qui existe pour l'acquisition de cette ressource peut être la résultante d'une telle externalité (variation climatique). Dès lors, il sera question pour nous dans une logique néoclassique de répondre à la question suivante : **quel est l'impact potentiel du changement climatique sur l'offre de l'eau potable à Douala ?**

Cette interrogation porte aussi bien sur l'impact du changement climatique sur la disponibilité et la qualité de l'eau douce que sur les coûts de production de l'eau potable, d'où les questions spécifiques suivantes :

1) Quel sera l'impact du changement climatique sur le niveau marin à Douala ?
2) Quel sera l'impact du changement climatique sur l'évolution du trait de côte de la ville de Douala ?
3) Quel sera l'impact du changement climatique sur la qualité des eaux de la ville de Douala ?
4) Quels seront les coûts supplémentaires induits par ce changement sur la production de l'eau potable dans la ville de Douala ?

### 5.1.2. Rappel des objectifs et des hypothèses

Plusieurs raisons ont motivé notre choix pour ce thème de recherche, notamment la monétisation de l'impact biophysique du changement sur l'eau potable. De façon plus précise, il nous importait de :

1- Déterminer l'évolution des températures de la ville de Douala ;
2- Déterminer l'évolution du niveau de la mer à Douala ;
3- Déterminer la vitesse d'évolution du trait de côte de la ville de Douala ;

4- Déterminer l'impact du changement climatique sur la qualité des eaux de la ville de Douala ;
5- Déterminer les coûts de production supplémentaires d'eau potable induits par ce changement dans la ville de Douala.

L'atteinte de ces objectifs reposait également sur la formulation de l'hypothèse suivant laquelle l'offre en eau potable est influencée par les effets du changement climatique (la dégradation de l'environnement). En d'autres termes, le changement climatique endommage qualitativement et quantitativement les ressources en eau douce de la ville de Douala au Cameroun et par conséquent son coût de production publique d'eau potable. Et des hypothèses secondaires suivantes :

**H1.** Le changement de température entraîne la hausse du niveau de la mer qui provoque la dégradation qualitative des ressources d'eau douce de la ville de Douala.

**H2.** La hausse du niveau de la mer à Douala entraîne le recul du trait de côte ce qui contribue à la dégradation qualitative des ressources en eau de la ville de Douala.

**H3.** La dégradation qualitative et quantitative des ressources d'eau douce due au changement climatique et/ou à la hausse du niveau de la mer entraîne une augmentation des coûts de potabilisation de l'eau dans la ville de Douala.

### 5.1.3. Rappel de la méthodologie

L'analyse économique des impacts du changement climatique sur les ressources en eau par exemple fait régulièrement recours à deux types de méthodologies, à savoir la méthode des simulations et l'analyse coûts-bénéfices qui sont toutes les deux des méthodes prédictives. Le choix de ces deux outils d'estimation se justifie par le fait que de multitudes incertitudes entourent les impacts du changement climatique sur les biens tant marchands que non marchands. Ainsi donc la méthode des simulations permet de faire des projections sur les évolutions probables du climat et ses dommages biophysiques possibles sur les ressources hydriques, ce qui va ainsi nous permettre d'atteindre les deux premiers objectifs de notre étude. La méthode coûts-bénéfices quant à elle permet d'atteindre les objectifs trois et quatre en prenant en compte la perte ou le gain de bien-être réel et potentiel des agents, et, ceci en monétisant les impacts biophysiques du changement climatique sur les ressources hydriques.

Ces deux outils d'analyse des impacts économiques du changement climatique ont été utilisés dans le cadre de ce travail de recherche.

- **L'Évaluation du Changement du Niveau Marin à la Façade maritime de Douala**

Le logiciel Excel a été utilisé pour la détermination des marées mensuelles et annuelles moyennes. Les graphes étaient par la suite produits pour observer la variabilité du niveau marin. Ces données ont été exportées au logiciel Eviews 8 pour une comparaison des moyennes mensuelles ainsi que les moyennes annuelles des marées de Douala. Concernant l'élévation du niveau marin, les données sur les fluctuations à long terme du niveau marin local étant absentes, la moyenne d'élévation de 1,7 mm/an avant 1993 donnée par plusieurs scientifiques et du fait que l'altimétrie satellitaire (Topex/Poséidon et Jason-1) considère que la vitesse des variations du niveau marin dans le golfe de Guinée est de 3,1 mm/an depuis 1993 ont été utilisées pour l'estimation du niveau marin à la façade maritime de Douala.

L'évaluation de la tendance d'évolution du niveau de la mer nécessite de longues séries de mesures dépassant le siècle afin de s'affranchir de la variabilité climatique et de permettre de mieux prévoir l'élévation future du niveau de la mer. Ce travail s'effectue par l'intermédiaire de l'équation Hauteur = c + a M + $\mu$ avec M et $\mu$ représentant le mois et le terme d'erreur. L'University of Hawaii (2015) a des données marégraphiques de plusieurs stations dans le monde. Ces hauteurs de marées sont données par jour voire par heure. Cette valeur régionale de l'élévation actuelle estimée ne tient compte que de l'effet du forçage anthropique du climat. Elle ne prend pas en compte les mouvements tectoniques ni la subsidence qui peuvent contribuer à certains endroits de la façade maritime de Douala au taux de la hausse du niveau de la mer.

- **L'Évaluation la Cinématique du Trait de Côte**

Le logiciel Erdas Imagine 10 a été utilisé pour la combinaison des bandes de même résolution de 30 m x 30 m par pixels afin d'obtenir les Modèles Numériques de Terrain (MTN). Suite à la classification de chaque MTN, les traits de côtes ont été ressortis délimitant la ligne des eaux et la plage. Ils ont été par la suite exportés au logiciel Quantum Gis où la superposition des trois traits de côtes a été observée. Les traits de côtes de Douala pour les années 1978, 2000 et 2015 ont été identifiés et les écarts entre ces traits ont été mesurés grâce à certaines applications du logiciel afin d'estimer la vitesse linéaire de recul. Des extrapolations ont été faites pour retrouver les positions du trait de côte en 2050 ainsi qu'en 2100. Des applications du logiciel Quantum Gis ont permis de ressortir ceux-ci sur la carte. Tout ceci a été possible grâce aux anciennes images satellitaires MSS (Multi-Spectra Scanning), ETM (Enhanced Thematic Mapper), LC8 qui ont été obtenues de l'Institut National de Cartographie de Yaoundé. Elles avaient été scannées par le satellite les 27 novembre 1978 à 9 h'56'' en basse mer, le 10 décembre 2000 à 23 h en pleine mer et le 10 janvier 2015 à 9 h 39'03'' respectivement. Ces images sont des bandes portant des numéros allant de 1 à 11.

- **L'actualisation des Coûts Futurs**

L'analyse coûts-bénéfices apparaît désormais comme un outil de formulation des politiques et d'aide à la décision tout à fait indispensable. À mesure que les politiques environnementales deviennent plus complexes et ambitieuses (réchauffement planétaire, perte de biodiversité, impacts exercés sur la santé par la pollution locale de l'air et de l'eau, etc.), un certain nombre de pays ont été amenés à prendre des mesures juridiques imposant une évaluation des impacts ainsi que des coûts et des bénéfices des grandes politiques et des réglementations.

Ainsi, pour atteindre l'objectif principal fixé précédemment, nous avons fait appel à la valeur actuelle nette. En effet, l'actualisation est un autre aspect à considérer dans l'analyse. On considère généralement qu'un coût ou un bénéfice ont aujourd'hui une plus grande valeur s'ils se produisent maintenant que s'ils se produisent dans le futur.

Il est donc nécessaire d'avoir un facteur de conversion permettant de faire l'équivalence, à un moment donné, de deux coûts ou avantages de même valeur faciale apparaissant à des instants différents. Le taux d'actualisation annuel est défini comme le nombre positif r, tel qu'une valeur unité disponible dans un an soit équivalente à une valeur moindre disponible 1/ (1+r) aujourd'hui. Pour un raisonnement d'une valeur unité disponible dans n années la valeur moindre est alors $1/(1+r)^n$ disponible aujourd'hui. L'actualisation économique est totalement indépendante de la dépréciation de la monnaie ou de l'inflation : on raisonne dans la sphère de l'économie réelle.

### 5.1.4. Rappel des résultats

La méthodologie utilisée dans cette étude afin d'analyser les impacts potentiels du changement climatique sur le coût de production de l'eau potable dans la ville de Douala a permis d'aboutir aux résultats ci-dessous.

Les **sous-hypothèses 1 et 2**, *« La hausse du niveau de la mer ainsi que le recul du trait de côte dégradent qualitativement les ressources d'eau douce de la ville de Douala »,* sont validées et, ce, en accroissant la salinité des réserves d'eau douce de cette ville. En effet les projections des températures font état de ce qu'il y aura une variation des températures de 0,27 °C ; 1,84 °C ; 4,96 °C par rapport au niveau de 2008 en 2025, 2050 et 2100 respectivement. De même, les projections du niveau de la mer en 2025, 2050 et 2100 nous a permis d'avoir les variations suivantes 23,6 cm ; 60,5 cm et 134,2 cm par rapport au niveau de 2008 respectivement et avec une vitesse de recul du trait de côte de 31,86 cm/an.

La **sous-hypothèse 3**, *« La dégradation qualitative et quantitative des ressources d'eau douce due au changement climatique et/ou à la hausse du niveau de la mer entraîne une augmentation des coûts de potabilisation de l'eau dans la ville de Douala. »,* est également validée. En effet, en accroissant la salinité des réserves d'eau douce de la ville, le changement climatique fait ainsi accroître, et ce de façon très significative le coût variable de production de l'eau potable. Les coûts supplémentaires de production varient d'environ 377,99 à 473,80 francs CFA au prix de 2015.
Au regard de ce qui précède, l'**hypothèse globale** de cette étude est validée. Le changement climatique endommage effectivement qualitativement et quantitativement les ressources en eau douce de la ville de Douala au Cameroun et par conséquent la production publique d'eau potable à Douala. Il est certes vrai que l'accès à l'eau est plus déterminé par la présence et les propriétés des infrastructures hydrauliques que par les écoulements naturels, à condition que les

ruissellements et les recharges des aquifères ne soient pas réduits de façon importante, ce qui se produit sous contrainte du changement climatique. Les changements de niveau et de qualité des ressources en eau sous changement climatique pourraient ainsi avoir des conséquences sur le fonctionnement des infrastructures hydrauliques, engendrant ainsi des coûts additionnels pour le secteur de l'eau. De plus, l'extension des services d'offre d'eau pourrait être remise en question, et, dans ce cas, les impacts et les coûts socio-économiques pourraient être importants.

## 5.2. RECOMMANDATIONS

Au terme de notre travail, nous pouvons proposer les solutions suivantes pour résoudre les effets potentiels du changement climatique sur le coût de l'eau potable dans la ville de Douala :

- ➢ Une meilleure gestion des risques. La gestion des risques à Douala est encore embryonnaire et il y a très peu d'informations cohérentes disponibles dans ce domaine. En dépit du nombre des catastrophes naturelles survenues à Douala et du potentiel élevé dans le futur, la ville de Douala et le Cameroun en général n'ont pas toujours de plan d'action pour la gestion des risques. Actuellement il n'y a pas d'institutions légales et efficaces pour gérer les risques relatifs à l'eau au Cameroun. La gestion des risques est aussi inefficace à cause de l'inexistence d'organes de coordination. De plus, la population n'est pas suffisamment informée sur les dangers causés par les catastrophes relatives à l'eau. Les plans d'action pour la gestion efficace de la sécheresse, de l'inondation et de la désertification ont été formulés au Cameroun pour 2005 et son effectivité devrait couvrir la moitié du pays en 2015 pour être opérationnelle dans tout le pays en 2025 si des objectifs pour la gestion des risques sont atteints ;
- ➢ Il serait nécessaire de mettre en place des marégraphes dans les principaux ports. Ceci permettrait de mieux suivre les variations du niveau marin à une échelle régionale et par conséquent appréhender les conséquences de l'élévation accélérée du niveau de la mer due aux changements climatiques.

- La promotion de la recherche environnementale afin de mieux cerner les interactions entre les hommes et le milieu naturel devrait aussi faire partie des priorités, car, s'il est vrai que la croissance démographique favorise l'augmentation du revenu par habitant, elle contribue à la dégradation de l'environnement à travers les émissions polluantes de $CO_2$ et par voie de conséquent l'accélération du changement climatique. Toutefois, l'accroissement de la population peut présenter un scénario inverse en ce qui concerne la disponibilité et de la gestion de l'eau à condition qu'elle soit accompagnée de l'utilisation des technologies appropriées et du renforcement de la prise de conscience par l'accentuation de l'éducation relative à l'environnement ;
- Revaloriser l'eau. La valeur économique de l'eau au Cameroun a été reconnue et inscrite dans la loi de 1998 sur l'eau où les licences sur l'extraction et prix ont été instituées. La loi prend en considération le pauvre par l'exemption d'impôts sur quelques catégories d'utilisateurs. Par exemple, les compagnies sociales sont exemptées et le coût moyen de l'eau aux utilisateurs est seulement le coût relatif à la fourniture. Ceci est le coût en rapport avec le capital sur les travaux d'extraction de traitement et de transfert jusqu'au point où elle est utilisée. Cependant, la récupération de tous les coûts devrait être effective pour un approvisionnement en eau de manière durable ;
- Identifier le niveau de pollution des entreprises de la ville afin de les faire supporter les coûts supplémentaires liés à leur pollution ceci dans une optique de compensation des dommages liés à leurs activités ;
- Augmenter l'investissement dans le système de traitement des déchets et des eaux usées de la ville tout en sensibilisant la population sur la nécessité de conserver son environnement sain ;
- Gérer l'eau de manière responsable. La gestion des ressources en eau au Cameroun a été améliorée sur le papier durant les dernières années. Dans la pratique elle reste encore très ineffective et beaucoup doit être fait pour développer et rendre effectives les politiques et programmes de la GIRE nationale. Les problèmes de mauvaise gestion surviennent principalement

du manque de la volonté politique à rendre effectives les lois qui ont été décrétées et les lois additionnelles dans ce domaine. Par exemple la loi de l'eau actuelle institue les licences d'extraction, les licences de la décharge et le paiement d'impôts sur l'extraction et la décharge. Mais, cette mesure n'est toujours pas effective. De plus, il y a une gestion sectorielle de l'eau, une multiplicité d'acteurs dans le secteur de l'eau et l'inexistence d'une institution/corps nationale efficace capable de diriger les ressources de l'eau. Pour améliorer la gestion de l'eau, un environnement habilitant la mise en œuvre des principes de la GIRE devrait être créé et l'eau gérée au niveau du bassin fluvial. Tout ceci sera possible notamment grâce à la suppression de tout ce qui s'oppose à une gestion rationnelle et durable des ressources naturelles en général notamment à travers la sensibilisation de la population sur la rareté de ces ressources et la nécessité de les consommer rationnellement et en responsabilisant les institutions en charge de leur gestion ;

- Il faut renforcer le suivi océanographique du niveau de la mer et des actions techniques pour la réhabilitation des côtes dégradées, la sauvegarde des ressources en eaux côtières, les ressources écologiques et halieutiques, et les infrastructures côtières ;
- Surveillance et établissement d'une cartographie intégrée de l'évolution du trait de côte.

Ainsi, la gestion des barrages et la mise en place effective des différentes stratégies d'économie d'eau à toutes les échelles devraient jouer un rôle essentiel dans la disponibilité future de la ressource en eau. La minimisation des impacts des changements climatiques sur la ressource en eau nécessite donc l'amélioration de la gestion de la ressource en eau par l'adaptation via l'évolution des techniques, des traditions, des comportements et des usages.

## 5.3. PERSPECTIVES DE L'ÉTUDE

Au regard des limites de cette étude, il pourrait s'avérer intéressant d'envisager dans des travaux de recherche ultérieure certaines initiatives.

- Améliorer la connaissance sur la vulnérabilité de cette zone face à la remontée du niveau de la mer et sur les coûts de l'adaptation ;
- Il serait en effet intéressant dans les travaux futurs d'évaluer et de prendre en compte tous les coûts liés aux dommages du changement climatique secteur par secteur dans la ville de Douala ;
- Il serait utile de faire des travaux similaires pour d'autres villes du Cameroun afin d'envisager une solution commune ;
- Il serait également intéressant de déterminer d'autres impacts du changement climatique sur les ressources en eau de la ville de Douala, et d'identifier la contribution des entreprises situées dans cette ville dans la dégradation qualitative et quantitative des ressources en eau de cette ville ;
- Identifier les impacts indirects du changement climatique sur les ressources en eau et l'adaptation optimale des infrastructures.

## RÉFÉRENCES BIBLIOGRAPHIQUES


**Aarup T., Church J.A., Wilson W.S, Woodworth P.L. (2010):** Élévation et variabilité du niveau marin — Résumé à l'intention des décideurs. Paris, France : UNESCO, 12 p

**Alcamo J., M. Flörke et M. Märker (2007) :** Future long-term changes in global water resources driven by socio-economic and climatic changes, *Hydrological Sciences, 52* (2), 247–275.

**Amba S. P. (2015) :** Un accident survenu sur le site du chantier de construction du deuxième pont sur le Wouri. Cameroon Tribune. 22 Janvier, p.9.

**Andréassian V. (2004)** : "Waters and forests: from historical controversy to scientific debate", Journal of Hydrology 291 (2004) 1–27.

**Andreassian V. et Lavabre J., (2000).** Eaux et forêts. La forêt : un outil de gestion des eaux ? Cemagref. Disponible dans : http://www.amazon.fr/Eaux-forêts-La-forêt-gestion/dp/2853625486.

**Ardhuin F., Marié L., Rascle N., Forget P. and Roland A. (2009)**: Étude de la dérive à la surface sous l'effet du vent, *Observation and estimation of Lagrangian, Stokes and Eulerian currents induced by wind and waves at the sea surface,* J. Phys. Oceanogr., vol. 39, n° 11, p. 2820–2838.

**Ardron J., Dunn D., Corrigan C., Gjerde K., Halpin P., Rice J., Berghe E. V., Vierros M. (2009):** *Defining ecologically or biologically significant areas in the open oceans and deep seas: Analysis, tools, resources and illustrations*, Ottawa, Canada, 29 septembre au 2 octobre 2009 PDF, 11pp.

**Arnell N. W. (1998):** Climate change and water resources in Britain, *Climatic Change, 39*, 83–110.

**Arnell N. W. (2004) :** Climate change and global water resources: SRES emissions and socioeconomic scenarios. Global Environmental Change 14:31–52.

**Aubert et al 2008** : L'économie de services publics locaux d'alimentation en eau potable, INRA Sciences Sociales — numéro 4-5 — septembre 2008.

**Ayanji E. N. (2004) :** A Critical Assessment of the Natural Disaster Risk Management Framework in Cameroon. An End-of-Course Case Study

Submitted to the Department of City Management and Urban Development of the World Bank Institute in Partial Fulfillment of the Requirements for the Award of a Certificate in Natural Disaster Risk Management.

**Ayres R. U. (1989)**: "Industrial metabolism," in J.H. Ausubel and H. E. Sladovich, eds., Technology and Environment, Washington, DC: National Academy Press.

**Ayres R. U. (1993) :** « Toxic heavy metals: materials cycle optimization », Proceedings of the National Academy of Sciences, vol. 89, no 3, 1er février 1993, p. 815–820 (DOI 10.1073/pnas.89.3.815, Bibcode 1992 PNAS 89 815A.

**Ayres R. U. et A.V. Kneese (1969)** : Production, Consumption and Externalities, *American Economic Review*, **59**: 282-297.

**Ayres R. U., Kneese A. V. et D'Arge R. C. (1970) :** Economics and the Environment: A Materials Balance Approach, Baltimore, Johns Hopkins Press, 1970.

**Badeau V., Dambrine E. Et Walter C. (1999)** : Propriétés des sols forestiers français : résultats du premier inventaire systématique. *Étude et Gestion des Sols*, vol. 6, numéro 3, 1999, pp. 165-180.

**Banner M. L. and Peirson W. L. (1998):** Mesure de l'effet de frottement à la surface de la mer, *Tangential stress beneath wind-driven air-water interfaces*, J. Fluid Mech., vol. 364, p. 115–145, 1998.

**Barbier E. B., J. C. Burgess, J. T. Bishop and B. A. Aylward, (1995):** "*Economics of the Tropical Timber Trade*" (London : Earth scan).

**Barde, J-P. Et Smith, St. (1997)** : « Environnement : les instruments économiques sont-ils efficaces ? » *L'Observateur de l'OCDE,* numéro 204, mars.

**Barnett, T.P., R. Malone, W. Pennell, D. Stammer, B. Semtner and W. Washington, (2004):** The effects of climate change on water resources in the West: introduction and overview. *Climatic Change*, **62**, 1–11.

**Barnett, T.P., J.C. Adam and D.P. Lettenmaier, (2005):** Potential impacts of warming climate on water availability in snow-dominated regions. *Nature*, **438**, 303–309.

**Bates B., Z. Kundzewicz, S. Wu, et J. P. (2008),** *Climate Change and Water*, 210 pp., IPCC Secretariat, Geneva, Technical Paper of the Intergovernmental Panel on Climate Change.

**Belghazi A. (2014) :** Dessalement de l'eau de mer à Agadir : la production augmente, les coûts baissent, Médias 24 l'information économique en continu, publiée le 30 novembre 2015.

**Bineli A. E. (2009)** : Impact de la variabilité climatique sur les ressources en eau du bassin versant du Nyong. Mém. DEA. Univ.Yaoundé I, Fac Sci. Dpt Sciences de la Terre. 82 p.

**Blivi, A. (2001) :** « Impact de l'érosion côtière et éléments d'étude de vulnérabilité : exemple du Togo (golfe de Guinée), Revue de l'Université de Moncton, Vol. 32, 12 p.

**Bobba A., Singh V., Berndtsson, R., Bengtsson, L. (2000):** Numerical simulation of saltwater intrusion into Laccadive Island aquifers due to climate change. J. Geol. Soc. India, 55, pp. 589–612.

**Bouraoui, F., B. Grizzetti, K. Granlund, S. Rekolainen and G. Bidoglio, (2004)**: Impact of climate change on the water cycle and nutrient losses in a Finnish catchment. *Climatic Change*, **66**, 109–126.

**Bouscasse H., Destandau F. et Garcia S. (2008) :** Analyse économique des coûts des services d'eau potable et qualité des prestations offertes aux usagers, Revue d'économie industrielle, 122 | 2008, 7-26.

**Bricquet J.P., Bamba F., Mahé G., Touré M., Olivry J. C. (1997)** : Évolution récente des ressources en eau de l'Afrique Atlantique. *Revue des sciences de l'eau* (**3**), 321-337.

**Brisson N., et F. Levrault (2010),** *Changement climatique, agriculture et forêt en France : Simulations d'impacts sur les principales espèces*, 336 pp., ADEME, le Livre Vert du projet CLIMATOR (2007-2010).

**Brown .L (1992) :** *Le Défi Planétaire*, Sang de la Terre. Cahiers français (2002), Enjeux et politiques de l'environnement, *La documentation française*, jan févr., numéro 306.

**Buchan, D. et Roberts A. (2002) :** Energy study sees break-up of global trends. *Financial Times*, Londres, 21 janvier 2002.

**Burgess J. C., (1993) :** « *Timber production, timber trade, and tropical deforestation,* » Ambio, Vol. 22, pp. 136-143.

**Callon M. (1999)** : « La sociologie peut-elle enrichir l'analyse économique des externalités ? Essai sur la notion de cadrage-débordement », in Foray.

**Caponera, D. A. (1998)** : Les eaux partagées et le droit international, congrès international de Kaslik, Liban.

**Carnot S. (1824) :** « *Réflexions sur la puissance motrice du feu et sur les machines propres à développer cette puissance* » Paris, Bachelier. Réédition en 1872, 1878, 1913, 1953.

**Carpenter TM, Georgakakos KP (2001):** Assessment of Folsom Lake response to historical and potential future climate scenarios: 1. Forecasting. J Hydrol 249:148–175

**CBLT & FEM, (2005)** : Etude de la biodiversité dans le bassin du lac Tchad : cas du bassin conventionnel du Cameroun. Septembre-octobre 2005, Maroua. RAF/00/G31/P070252. 78 p.

**CBLT & UE (2007)** : Gestion intégrée des ressources en eau du bassin transfrontalier du Lac Tchad. Rapport provisoire août 2007. Contrat spécifique 2007/135495. 50 p.

**CCNUCC (1992)** : Convention-cadre des Nations Unies sur les changements climatiques. Nations Unies, New York, NY, E. — U., 29 p.

**CEPRI (2011)** : L'ACB (analyse coût/bénéfice) : une aide à la décision au service de la gestion des inondations, Guide à l'usage des maîtres d'ouvrage et de leurs partenaires, novembre 2011.

**Chegrani P. (2006)** : Évaluer Les Bénéfices Environnementaux Sur Les Masses D'eau, direction des études économiques et de l'évaluation environnementale, série études 05 — E08.

**Chen Z., Grasby S., Osadetz K. (2004):** Relation between climate variability and groundwater levels in the upper carbonate aquifer, southern Manitoba, Canada. J. Hydrol., 290 (1–2), pp. 43–62.

**Church J.A. et White N.J. (2006):** A 20th century acceleration in global sea-level rise. Geophysical Research Letters, 33, LO1602, doi: 10,102 9/2005 GL024826.

**Cléroux I., Motte E. et Salles J.M. (1997)** : « Les déterminants économiques de la préservation des forêts tropicales », in *Problèmes économiques*, n° 2527.

**Club of Rome (1972) :** The limits to growth. New York : Universe Books.

**Coase, R.H. (1960):** The problem of social cost, Journal of Law and Economics, **III**, October: 1-44. Commission mondiale sur l'environnement et le développement (1988), Notre avenir à tous. Montréal, Éd. du Fleuve.

**Colombano S., Saada A., Guérin V., Bataillard P., Bellenfant G., Béranger S., Hube D., Blanc C., Zornig C. et Girardeau I. (2010) :** Quelles techniques pour quels traitements Analyse coûts-bénéfices, Rapport Final BRGM/RP — 58 609 — FR juin 2010, Étude réalisée dans le cadre des projets de Service public du BRGM 08POLA06 correspondant à la convention BRGM-MEEDDAT 2008 numéro 0001386.

**Commoner B. (1969) :** « Science and Survival » New York : Viking, 1966. (Trad. fr. : *Quelle terre laisserons-nous à nos enfants ?*, Traduit de l'américain par Chantal de Richemont. Préface de C. Delamare Deboutte ville. Paris, Seuil, 1969. 20 cm, 207 p. Collection : Science ouverte.).

**Commoner B. (1971) :** *The Closing Circle: Nature, Man and Technology,* New York, Knopf. (Trad. fr. : *L'Encerclement,* Paris, Seuil, 1972.).

**Crozet Y. (1991) :** Analyse Economique de l'État, Armand Colin éditeur, Paris 1991.

**Daly H. E. (1990) :** *Beyond Growth. The Economics of Sustainable Development*, Boston, Beacon Press.

**Dannequin F., Diemer A., Petit R., Vivien F-D (2000)** : La nature comme modèle ? Écologie industrielle et développement durable, Cahier du CERAS, « Nature, Culture et Economie », numéro 38, mai, Université de Reims, pp. 63 – 75.

**Darwin C. R. (1859) :** On the origin of species by means of natural selection, 1st ed. London : Murray, reprinted 1950, London : Watts.

**Deléage J. P. (1991)** : Histoire de l'écologie, Une science de l'homme et de la nature, Paris, La Découverte. [1993], « L'écologie, humanisme de notre temps », Écologie politique, numéro 5, hiver, p. 1-14

**Decaestecker J.P. et Rotillon G. (1993)** : Regards sur l'économie de l'environnement ; *Economie Prospective Internationale*, numéro 53, 1993.

**Diemer A. (2004) :** *Economie et environnement,* Formation continue , MCF IUFM D'AUVERGNE, janvier 2004.

**Dittmar W. (1876) :** A manual of qualitative chemical analysis, Edmonston and Douglas Edinburgh 1876.

**Dobler C., Hagemann S., Wilby R. L. and Stötter J. (2012):** "Quantifying different sources of uncertainty in hydrological projections in an Alpine watershed", Published in Hydrol. Earth Syst. Sci. Discuss : 22 November 2012.

**Docteur Folamour (1964) :** comment j'ai appris à ne plus m'en faire et à aimer la bombe, d'après le livre de Peter George, *Red Alert*, 1958.

**Döll, P. ( 2002),** Impact of climate change and variability on irrigation requirements : a global perspective, *Climatic Change*, *54* (4), 269–293.

**Dracup JA, Vicuna S, Leonardson R, Dale L, Hanemann M (2005):** Climate change and water supply reliability. California Energy Commission, PIER Energy-Related Environmental Research, CEC-500-2005-053, http://www.energy.ca.gov/pier/final_project_reports/CEC-500-2005-054.html. Cited 12 Jul 2006.

**Ducharne A., Habets F., Déqué M., Evaux L., Hachour A., Lepaillier A., Lepelletier T., Martin E., Oudin L., Pagé C., Ribstein P., Sauquet E., Thierry D., Terray L., Viennot P., Boé J., Bourqui M., Crespi O., Gascoin S., Rieu J. (2009) :** Impact du changement climatique sur les ressources en eau et les extrêmes hydrologiques dans les bassins de la Seine et la Somme, rapport final du projet RExHySS, programme GICC, 62 pp. Disponible sur le site http://www.sisyphe.jussieu.fr/~agnes/rexhyss/DOCS/Rapport_final_0000454_web.pdf.

**Dufresne J. — L. (2012) :** Contribution de l'IPSL au projet CMIP5. *LMDZ info*, **8**, janvier 2012, http://lmdz.lmd.jussieu.fr/communication/lmdzinfo/lmdzinfo8.pdf/view, (24/07/2012).

**Dumas P., (2006)** : *L'évaluation des dommages du changement climatique en situation d'incertitude : l'apport de la modélisation des coûts d'adaptation*, thèse de doctorat de l'EHESS.

**Dumont L. (1971) :** « Introduction à deux théories d'anthropologie ». *Groupe de filiation et alliance de mariage*, Paris-La Haye : Mouton.

**Dunglas J. (2014)** : Le dessalement de l'eau de mer Une nouvelle méthode pour accroître la ressource en eau, Académie d'Agriculture de France, Manuscrit publié en février 2014

**Dyke A.S. et Peltier W. R. (2000) :** Forms, response times and variability of relative sea-level curves, glaciated North America. Geomorphology, 32, pp.315-333.

**Dzana J. G., Ndam Ngoupayou J. R., Tchawa P., 2009**. The Sanaga discharges at the catchment outlet (Edéa – Cameroon): An example of hydrologic responses of a tropical rain – fed river system to changes in precipitation and groundwater inputs and to flow regulation. Accepted for publication to River Research and Applications.

**Erkman S. (1994) :** « *Écologie industrielle, métabolisme industriel et société d'utilisation* » Genève, ICAST.

**Erkman S. (1998) :** *Vers une écologie industrielle*, Éditions Charles Léopold Mayer, Paris, 1998, 147 p. (2ième éd. 2004).

**Etzion Z. et Yagil R. (1987) :** « Metabolic effects in rats drinking increasing concentrations of sea-water », Comp. Biochem. Physiol. A, vol. 86, nº 1, 1987, p. 49-55 ISSN 0300-9629, DOI 10.1016/0300-9629 (87) 90275-1.

**Fabre J. (2010) :** Les relations entre changement climatique, ressources et demande en eau en Méditerranée Étude de la demande en eau agricole. Mémoire pour l'obtention du diplôme d'ingénieur agronome. AgroParisTech, Plan Bleu.

**Fangue.N. H, Tonye. E, Akono A. et Ozer A. (2003) :** Estimation de la vitesse de recul de la ligne du rivage par télédétection sur le rivage kribien, Cameroun — Yaoundé Cameroun : X[èmes] Journées Scientifiques du Réseau Télédétection de l'AUF, 3p.

**Faucheux S. et Noël J.F (1995) :** Economie des ressources naturelles et de l'environnement. Edition Armand Colin, Paris.

**Fiquepron J., Garcia S., Stenger A. (2008)** : *Mesure de l'impact de la forêt sur le prix et la qualité de l'eau à l'échelle d'un territoire.* 2e journées de recherches en sciences sociales INRA SFER CIRAD ; LILLE, France.

**Fischer, G., F. N. Tubiello, H. van Velthuizen, et D. A. Wiberg (2007)**, Climate change impacts on irrigation water requirements : effects of mitigation, 1990-2080, *Technological Forecasting and Social Change*, *74*, 1083–1107, doi :10.1016/j.techfore. 2006.05.021.

**Fisher, A. C., et S. J. Rubio (1997) :** Adjusting to climate change : implications of increased variability and asymmetric adjustment cost for investment in water reserves, *Journal of Environmental Economics and Management*, *34*, 207–227, 1997.

**Fonteh M.F. (2003)** : Water for people and the environment. Cameroon water development report: United Nations." *Economic commission for Africa Addis Abeba, Ethiopia.*

**Fourier J. (1827) :** Mémoire sur les températures du globe terrestre et des espaces planétaires, M&r. Acud. Sci. 2nd ser., 7, 569-604. The English translation of Fourier' s 1824 article, by Ebenezer Burgess, was published in 1837 in the Amer: J. Sci. 32, 1-20

**Fouzai A, Bachta M. S., Brahim .M. B. et Rajhi E. (2013*) :*** " *Évaluation économique de la dégradation de l'eau d'irrigation Étude de cas : La région de Korba* " Invited paper presented at the 4th International Conference of the African Association of Agricultural Economists, September 22-25, 2013, Hammamet, Tunisia.

**Frosch R. (1995) :** « L'écologie industrielle du XXe siècle », *Pour la science*, 217, p. 148-151.

**Frosch R. and N. Gallopoulos (1989)**: "Strategies for manufacturing," Scientific American (September).

**Galbraith J.K. (1958)**: *The Affluent Society*, Boston : Houghton Mifflin, traduction française, *L'ère de l'opulence*, Paris : Calmann-Lévy, 1961.

**Gander, B. (2009)** : Climate change and water suppliers: Informations and adaptation strategies. GWA, 89:241–249.

**Geddes P. (1884):**'An Analysis of the Principles of Economics', Proceedings of the Royal Society of Edinburgh, (reprinted, 1885, London: Williams and Norgate).

**Gehrels W.R., Milne G. A., Kirby J.R., Patterson J.R.T et Belknap D.F. (2004) :** Late Holocene sea-level changes and isostatic crustal movements in Atlantic Canada. Quaternary International, 120, 79-89.

**Georgescu-Roegen N. (1966):** « Further thoughts on Corrado Gini's *Delusioni dell'econometria›, Metron,* (25)104, pp. 265-279. (International Symposium on Statistics as Methodology in the Social Sciences, A Symposium in Honor of Corrado Gini, Rome, mars 1966). (rééd. in *Energy and Economie Myths.).*

**Georgescu-Roegen N. 1975:** « Bio-economic Aspects of Entropy », in L. Kubat, J. Zeman (eds), *Entropy and Information in Science and Philosophy*, Amsterdam, Elsevier, pp. 125-142.

**Georgescu-Roegen N. (1978) :** « De la science économique à la bioéconomie » *Revue d'Économie Politique,* 1988 (May-June), pp. 337-382.

**Georgescu-Roegen N. (1993) :** *La décroissance : entropie-écologie-économie*, présentation et traduction de J. Grinevald et I. Rens, Sang de la terre, Paris, 1995, 254 p. (3e éd. 2006. Disponible en ligne sur le Web).

**Georgakakos KP, Bae DH, Jeong SC (2005):** Utility of ten-day climate model ensemble simulations for water resources planning and management of Korean watersheds. Water Resour Manag 19:849–872.

**GIEC (2000):** *Rapport spécial du groupe de travail III du GIEC. Scénarii d'émissions. Résumé à l'intention des décideur*s. Genève, Suisse : GIEC.

**GIEC (2001) :** Résumé à l'intention des décideurs. In Bilan 2001 des changements climatiques : Les éléments scientifiques. Contribution du Groupe de travail I au troisième Rapport d'évaluation du Groupe d'experts intergouvernemental sur l'évolution du climat (Houghton, J.T., Y. Ding, D.J. Griggs, M. Noguer, P. van der Linden, X. Dai, K. Maskell et C. I. Johnson, dir. de publ.). Cambridge University Press, Cambridge, R.-U., et New York, É.-U., sous presse.

**GIEC (2007)** : Impacts, Adaptations and Vulnerability. Contribution of Working Group II to the Third Assessment Report of the Intergovernmental Panel on Climate Change [Parry, M. L., Canziani, O. F., Palutikof, J. P., van der Linden, P. J. et Hanson, C. E. (éd.)]. Cambridge University Press, Cambridge, Royaume-Uni, 1000 p.

**GIEC (2008) :** Le changement climatique et l'eau ; publié sous la direction de Bryson Bates, Zbigniew W. Kundzewicz et Shaohong Wu.

**Godet M. (1997) :** *Manuel de prospective stratégique,* tome 2 : L'art et la méthode, Dunod, Paris, 1997.

**Gordon, H. S. (1954) :** The Economic Theory of a Common-Property Resource: The Fishery. The Journal of Political Economy 62(2): 124–142.

**Gorz A. (1978) :** Écologie et politique, Paris, Seuil.

**Gorz A. (1988)** : Métamorphoses du travail, Quête du sens, Critique de la raison économique, Paris, Galilée.

**Gorz A. (1991) :** Capitalisme, Socialisme, Écologie, Désorientations, Orientations, Paris, Galilée.

**Gove N.E., Edwards R.T., and Loveday L., (2001):** Conquest Effects of scale on land use and water quality relationships: a longitudinal basin-wide perspective' JAWRA 37, pp. 1721-1734.

**Graedel T.E. (1996):** "Design for environment activities in electronics manufacturing", *Proceedings of the 2nd. International Conference on Ecobalance,* National Institute for Environmental Studies, Tsukuba, Japan, pp. 116-121, 1996.

**Grant D. R. (1970) :** Recent crustal submergence of the Maritime Provinces, Canada.
Canadian Journal of Earth Sciences, 7, 676-689.

**Grinevald J. et I. Rens (1995) :** Une édition électronique réalisée à partir du livre de Nicholas Georgescu-Roegen. La décroissance. Entropie — Écologie - Économie (1979). Présentation et traduction de MM. Jacques Grinevald et Ivo Rens. Nouvelle édition, 1995. [Première édition, 1979]. Paris : Éditions Sang de la terre, 1995, 254 pp.

**Grove R. H. (1850):** *Green Imperialism : Colonial Expansion, Tropical Island Edens and the Origins of Environmentalism, 1699–1860* (Cambridge 1995) 486, 475, 470–1.

**Guivarch C., Rozenberg J. (2013) :** Les nouveaux scénarii socio-économiques pour la recherche sur le changement climatique, Pollution atmosphérique, APPA, 2013, Numéro spécial Climat, pp.1-9. <halshs-01053730>.

**Hall C.J. and C.W. Burns, (2002):** Mortality and growth responses of *Daphnia carinata* to increases in temperature and salinity. *Freshw. Biol.*, 47, 451–458.

**Hall G., R. D'Souza and M. Kirk, (2002):** Foodborne disease in the new millennium: out of the frying pan and into the fire? *Med. J. Australia*, 177, 614-618.

**Hallegatte, S., J.-C. Hourcade, et P. Ambrosi (2007)**, Using climate analogues for assessing climate change economic impacts in urban areas, *Climatic Change*, *82* (1–2), 47–60, doi : 10,100 7/s10584-006-9161-z.

**Halley E. (1715) :** « A short account of the cause of the saltiness of the ocean, and of the several lakes that emit no rivers; with a proposal, by help thereof, to discover the age of the world », *Phil. Trans.*, vol. 29, 1715, p. 296-300

**Harris J. M., Roach B. et Codur A. M. (2014) :** L'économie du Changement Climatique Mondial, Global Development And Environment Institute, Tufts University, Medford MA 02155.

**Hassan, R. (2006) :** Climate change and African agriculture. Note de politique préparée à partir de Molua et Lambi 2006 Climate, hydrology and water resources in Cameroon, CEEPA Discussion Paper 33, CEEPA. Université de Prétoria, République d'Afrique du Sud, 8 p.

**Hayhoe, K. and Co-authors, J. H., (2004) :** Emissions pathways, climate change, and impacts on California. *P. Natl. Acad. Sci. USA*, 101, 12422-12427.

**Helmer O. (1983) :** *Looking forward*, Sage, Beverly Hills, 1983.

**Helmer O. et Dalkey N. (1953) :** « An experimental Application of the Delphi Method to the use of experts », Management Science, volume 9, Issue 3, 458-467.

**Henry C. (1990) :** « Efficacité économique et impératifs éthiques : l'environnement en copropriété », *Revue économique*, 41 (2), p. 195-214.

**Hindle T. (2001):** *The Economist: Pocket Strategy*. Londres : The Economist/Profile Books, 2001.

**Hoek W., F. Konradsen et W. A. Jehangir (1999):** « Domestic Use of Irrigation Water : Health Hazard or Opportunity? », *Water Resources Development*, vol 15.

**Hotelling H. (1931)**: The economics of exhaustible resources, *Journal of Political Economy,* **39**(2): 137-175.

**Hoteling H. (1932):** “Edgeworth’s Taxation Paradox and the Nature of Demand and Supply Functions”, Journal of Political Economy, n°40.

**Hotelling H. (1938):** The General Welfare in Relation to Problems of Taxation and of Railway and Utility Rates, Econometrica, 6(3), 242_269.

**Hotelling H. (1947)**: « Multivariate Quality Control Illustrated by Air Testing of Sample Bomb sights », C. Eisenhart et. al. Pp.111-184.

**Illich I. (1973):** *Energie et équité*. Paris, Seuil.

**Illich I. (1975):** *Némesis médicale —L’expropriation de la santé*. Paris, Seuil.

**IPCC, (2001)**: Climate Change 2001 : *Synthesis Report*, 398 pp., Cambridge University Press, available in French as ISBN 92-9169-215-8, also available in Arabic, Chinese, Spanish and Russian.

**Islam, M. S., T. Aramaki, et K. Hanaki (2005) :** Development and application of an integrated water balance model to study the sensitivity of the Tokyo metropolitan area water availability scenario to climatic changes, *Agricultural Water Management*, *19*, 423–445, 2005.

**Jantsch E. (1968) :** *La prévision technologique*, OCDE, Paris, 1968.

**Jevons, W. Stanley (1879) :** *The Theory of Political Economy,* 2nd ed. London, Macmillan.

**Jouvenel H. (1993) :** « Sur la méthode prospective : un bref guide méthodologique », *Futuribles*, numéro 179, septembre 1993.

**Kahn H. et Wiener A. (1967) :** *L’an 2000*, Éditions Robert Laffont, Paris, 1968, édition originale, 1967.

**Kamto M. (1996) :** Droit de l’Environnement en Afrique, Édition EDICEF.

**Katharine C :** \Some Unsettled Problems of Irrigation, *Journal of Economics Litterature*

**Keeling C. D. (1957) :** The Story of Atmospheric CO2 Measurements, the Division of Natural Sciences and Mathematics College of New Rochelle Romita Auditorium.

**Kiersch B. et Tognetti S.S. (2002) :** Land-water linkages in rural watersheds: Results from the FAO electronic workshop. Land Use and Water Resources Research (2) pp. 1.1-1.6.

**King L. et al. (2OO5) :** Évaluation de la vulnérabilité, des impacts du changement climatique et des mesures d'adaptation en Tunisie, Revue de l'Université de Moncton.

**Kissinger H. (1974)**: National Security Study Memorandum, Press Conference of January 22, 1974, Department of State, Bureau of Public Affairs, pp. 11-12.

**Kneese A.V., Ayres R.U. and d'Arge R.C. (1970)**: Economics and the Environment: A Material Balance Approach. Washington D.C. : Resources for the Future.

**Krutilla J. (1967):** « Conservation reconsidered », American Economic Review, 54 (4), 77-86.

**Kumagai, M., K. Ishikawa and J. Chunmeng, (2003):** Dynamics and biogeochemical significance of the physical environment in Lake Biwa. *Lakes Reserv. Res. Manage.*, **7**, 345-348.

**Kuznets S. (1955):** *Economic growth and income inequality*, American Economic Review, n. 45, pp. 1-28.

**Leemans, R. and A. Kleidon, (2002):** Regional and global assessment of the dimensions of desertification. *Global Desertification : Do Humans Cause Deserts ?* J.F. Reynold and D.S. Smith, Eds., Dahlem University Press, Berlin, 215-232.

**Le Maitre D. C., van Wilgen B. W., Gelderblom C. M., Bailey, C. Chapman R. A. and Nel J. A. (2001) :** *Invasive alien trees and water resources in South Africa: case studies of costs and benefits of management.* Forest Ecology and Management. 5538: pp. 1-17.

**Lepage H. (1985) :** Pourquoi la propriété, Hachette, également sur le site de l'ICREI.

**Lepage M. P., Bourdages L., Bourgeois G. (2011)** : Interprétation des scénarii de changements climatiques afin d'améliorer la gestion des risques pour l'agriculture, Centre de référence en agriculture et agroalimentaire du Québec, Publication no PAGR0102 ISBN 978-2-7649-0235-6.

**Leontief W. (1970) :** Environmental Repercussions and the Economic Structure, An Input-output Approach, Review of Economics and Statistics, August, 52, pp.262-71
**Lienou G., (2001) :** la plaine d'inondation du Logone dans le nord du Cameroun : Dynamique des inondations. Communication personnelle.

**Lienou G., Mahé G., Paturel J-E., Servat E., Sighomnou D., Ekodeck G. E., Dezetter A., Dieulin C., 2008** : Évolution des régimes hydrologiques en région équatoriale camerounaise : un impact de la variabilité climatique en Afrique équatoriale ? Journal des Sciences Hydrologiques. 53 (4) : 789 - 801

**Lienou G., Mahe G., Paturej G. E., Servat E., Ekodeck G. E., Tchoua F. 2009**. Variabilité climatique et transport de matières en suspension sur le bassin de Mayo-Tsanaga (Extrême-Nord Cameroun). *Sécheresse* 20 (1) : 139 – 144.

**Lienou G., Sighomnou D., Sigha-Nkamdjou L., 1999** : Impact de la sécheresse sur les ressources en eau de la cuvette du Lac Tchad en période d'étiage : exemple des apports du fleuve Logone. *Coll. GEOCAM numéro* 2, Presses Univ., Yaoundé. PP 89-97.

**Mahé G., L'Hôte Y., Olivry J.C., Wotling G. (2001) :** Trends and Discontinuities in Regional Rainfall of West and Central Africa - 1951 1989. *Hydrological Sciences-Journal-des Sciences hydrologiques* **46**(2), 211-226.

**Malthus T. R. (1803)** : Essai sur le principe de population. Coll. « Collection des principaux économistes ». Osnabruck : O. Zeller, 1963, 687 p. « Classiques de l'économie politique ». Paris : Flammarion, 1992.

**Marsh G. P. (1864) :** *Man and Nature; or, Physical Geography as Modified by Human Action* (New York 1864); Marsh to Spencer F. Baird, 21 May 1860, Baird Corr., Smithsonian Institution.

**Meier, P., D. Bond & J. Bond (2007) :** « Environmental Influences on Pastoral Conflict in the Horn of Africa », Political Geography, 26(6), p.716 — 735.

**Mendel G. (1866) :** Experiments on plant hybrids (English translation). In: The origin of genetics: a Mendel source book (Stern C and Sherwood ER, eds), 1966. San Francisco : W. H. Freeman; 1-48.

**Mendelsohn, R., et L. L. Bennett (1997),** Global warming and water management: water allocation and project evaluation, *Climatic Change*, *37*, 271–290.

**Mendelsohn, R., W. Morrison, M. E. Schlesinger, et N. G. Andronova (2000),** Country specific market impacts of climate change, *Climatic Change*, *45*, 553–569.

**Meunier, V. et Marsden, E. (2009) :** Analyse coût-bénéfices : guide méthodologique.

**Mimikou, M., E. Blatas, E. Varanaou and K. Pantazis, (2000)**: Regional impacts of climate change on water resources quantity and quality indicators. *J. Hydrol.*, **234**, 95-109.

**MINEF et PNUD (2001)** : Rapport national du Cameroun sur l'environnement et le développement durable (Rio + 10) ; 85 p.

**MINEPAT (2005) :** Document Stratégique pour la Croissance et l'Emploi. Yaoundé, Cameroun : MINEPAT, 168p.

**Mitosek H. T., (1992)** : Occurrence of climate variability and change within the hydrologic time series: a statistical approach. World Climate Program-Project A2, CP–92–05, IIASA, Laxenburg, Austria, 167p.

**Möbius K. A. (1877)** : Die Auster und die Austern wirthschaft. Wiegandt, Hempel & Parey, Berlin

**Molua, E. (2008)**: Turning up the heat on African agriculture: The impact of climate change on Cameroon's agriculture. African Journal of Agricultural and Resource Economics Vol. 2. 20 p.

**Molua, E. L. et Lambi, C. M. (2007)** : The Economic Impact of Climate Change on Agriculture in Cameroon. Policy Research Working Paper 4364. The World Bank Development Research Group Sustainable Rural and Urban Development Team. 33 p.

**Naess A. (1973):** The Shallow and the Deep, Long Range Ecology Movement: A Summary, Inquiry 16: 95-100.

**Ndam Ngoupayou J. R., Boeglin J.-L., Bedimo Bedimo J.-P., Braun J.-J., Aboueme Amanabenogo, Bineli Ambomo E., (2009):** Influence of climatic variability and anthropic activities on the water resources of the Nyong forestry watershed in South Cameroon. In 3rd International AMMA Conference. Juillet 2009, Ouagadougou, Burkina Faso.

**NEPAD (2003) :** Comprehensive Africa Agriculture Development Programme, July 2003, ISBN 0-620-30700-5.

**Neff, R., H. Chang, C. Knight, R. Najjar, B. Yarnal and H. Walker, (2000)**: Impact of climate variation and change on Mid-Atlantic Region hydrology and water resources. *Climate Res.*, **14**, 207-218.

**Nicholls, K.H., (1999):** Effects of temperature and other factors on summer phosphorus in the inner Bay of Quinte, Lake Ontario: implications for climate warming. *J. Great Lakes Res.*, **25**(5), 250–262.

**Nicholls R.J., Marinova N. et Lowe J.A. (2011) :** Sea - level rise and its possible impacts given a "beyond 4 °C world" in the twenty - first century. Philosophical Transactions of the Royal Society A 369, pp.1−21.

**Njomgang C. (2005) :** « Économie de l'environnement et des ressources naturelles : Théorie économique et dimension environnementale du développement durable », Institut De L'énergie Et De L'environnement De La Francophonie, numéros 66-67 –1 er et 2e trimestres 2005.

**Nkengfack H. (2006):** *"Economic analysis of determinants of potable water consumption in Cameroon and strategies for sustainable management: the case of Yaoundé households"*, Paper presented at the International Conference of Ecological Economics (ISEE), New Delhi, India.December 15-18 2006.

**Odum H.T. (1971) :** *Environment, Power and Society*, New York, Wiler-Interscience.

**O'Hara, J. K., et K. P. Georgakakos (2008) :** Quantifying the urban water supply impacts of climate change, *Water Resources Management*, *22*, 1477–1497, 2008.

**Olivry J. C. (1986) :** Fleuves et rivières du Cameroun. Collection monographie hydrology 9. Éd. MESRES-ORSTOM, Paris.

**Olivry J. C., Bricquet J.P. et Mahé G. (1993)** : Vers un appauvrissement durable des ressources en eau de l'Afrique humide ? In : *Hydrology of Warm Humid Regions,* 67-78. AISH pub. 216.

**OMS (2002)** : « Rapport mondial sur la violence et la santé » ; sous la direction de Etienne G. Krug, Linda L. Dahlberg, James A. Mercy, Anthony Zwi et Rafael Lozano-Ascencio, ISBN 92 4 254 561 9 Classification NLM : HV6625.

**Onguene R., Pemha E., Lyard F., Du — Penhoat Y., Nkoue G., Duhaut T., Njeugna E., Marsaleix P., Mbiakel R., Jombe S., Allain D. (2014) :** Overview of Tide Characteristics in Cameroon Coastal Areas Using Recent

Observations, Journal of Marine Science, 2015, 5, 81-98, Published Online January 2015 in SciRes. http://www.scirp.org/journal/ojms http://dx.doi.org/10.4236/ojms.2015.51008.

**O'Rourke D., L. Connelly, and C. P. Koshland (1996)**: « Industrial ecology - a critical review, » Int. J. Environ. Pollution 6 (2-3), 89-112.

**Ouranos (2007) :** *Évaluation nationale, chapitre Québec.*

**Ouranos et al. (2008) :** « L'évaluation des avantages et des coûts de l'adaptation aux changements climatiques », rapport d'informations générales a été rédigé sous la direction d'Ouranos.

**Pachauri R.K. et Reisinger A. (2007) :** Fourth Assessment Report: Climate Change 2007. Contribution du Groupe de travail I, II, III au quatrième Rapport d'évaluation du GIEC. IPCC, Geneva, Switzerland. pp 104.

**Papon P. (1996) :** *Le sixième continent. Géopolitique des océans*, Odile Jacob, 1996.

**Pareto, V. (1906) :** « Manual of Political Economy ». Augustus M. Kelley, New York. 1971 translation of 1927 edition.

**Passet, R. (1979)** : *L'économique et le vivant.* Paris, Payot — 2e édition 1996, Economica.

**Pearce D.W. and Turner R.K. (1990)**: Economics of Natural Resources and the Environment. Harvester Wheat sheaf, Hemel Hempstead and London.

**Pigou, A.C. (1920) :** *The Economics of Welfare.* London, Macmillan.

**Plass G. N. (1953):** The carbon dioxide theory of climatic change. Trans. Amer. Geophysical Union 34, 332; Bull. Amer. Met. Soc. 34, 80.

**Podolinsky S. (1880-a) :** « Le socialisme et l'unité des forces physiques », La revue socialiste, numéro 8, p. 353-365.

**Podolinsky S. (1880-b)** : « Le socialisme et la théorie de Darwin », La revue socialiste, numéro 3, p. 129-148.

**Podolinsky S. (1880-c) :** « Le travail humain et la conservation de l'énergie », Revue internationale des sciences, numéro 5, p.57-70.

**Polanyi K. (1944) :** La grande transformation, Aux origines politiques et économiques de notre temps, 1944, Paris, Gallimard.

**Porter M. (1985) :** *Competitive Advantage.* New York : Simon and Schuster, 1985.

**Pouillet C. (1838) :** Mémoire sur la chaleur solaire, sur les pouvoirs rayonnants et absorbants de l'air atmosphérique et sur la température de l'espace, La météorologie, numéro 60, p. 36-43.

**Programme des Nations Unies pour l'environnement (PNUE) 2000** : Developing Strategies for Climate Change: The UNEP Country Studies on Climate Change Impacts and Adaptations Assessment. Report 2000:2.

**Prudhomme, C., et H. Davies (2009a),** Assessing uncertainties in climate change impact analyses on the river flow regimes in the UK. Part 1 : baseline climate, *Climatic Change*, *93*, 177–195, doi :10.1007/s10584-008-9464-3.

**Prudhomme, C., et H. Davies (2009 b),** Assessing uncertainties in climate change impact analyses on the river flow regimes in the UK. Part 2 : future climate, *Climatic Change*, *93*, 197–222, doi : 10.1007/s10584-008-9461-6, 2009b.

**Rahmstorf S. (2007):** A Semi-Empirical Approach to Projecting Future Sea-Level Rise. Science, 315, DOI : 10, 1126/science. 1 135 456.

**Ranger J. ; Loyer S. ; Gelhaye D.; Pollier B.; Bonnaud P., (2007)** : Effects of the clear-cutting of a Douglas-fir plantation (Pseudotsuga menziesii F.) on the chemical composition of soil solutions and on the leaching of DOC and ions in drainage waters, Annals of Forest Science, 64 (2), pp. 183-200.

**Rapport Brundtland (1987)** : officiellement intitulé Notre avenir à tous (Our Common Future), est une publication rédigée en 1987 par la Commission mondiale sur l'environnement et le développement de l'Organisation des Nations unies, présidée par la Norvégienne Gro Harlem Brundtland.

**Ratzel F. (1882) :** Anthropogeographie, anthropogeograp02ratzgoog, Stuttgart, Engelhorn, 1882 (t. 1), 1891 (t.2), Oclc-id : 3 030 096.
**Rekacewicz P et Diop S. (2008) :** *Gestion de l'eau : entre conflits et coopération* PNUE 2008.

**Renaudin V. et Champion G. (2004) :** Le dessalement de l'eau de mer et des eaux saumâtres, dossier pluridisciplinaire sur l'eau.

**Repetto R. (1987) :** The Policy Implications of Non-Convex Environmental Damages: À Smog Control Case Study. Journal of Environmental Economics and Management 14(1): 13-29.

**Ricardo D. (1817) :** *Des principes de l'économie politique et de l'impôt*, trad. fse, Paris, Flammarion, 1977.

**Ridker, Ronald G. and John A. Henning (1967):** « The Determinants of Residential Property Values With Special Reference to Air Pollution », Rev. Econ. St. 49. (2)

**RIOB (1998) :** Conférence Internationale « Eau Et Développement Durable », Réseau International Des Organismes De Bassin, PARIS 20 MARS 1998, 1er Trimestre 1998 numéro 6.

**Ringland G. (2002) :** *Scenarios in Business.* Chichester : John Wiley and Sons, 2002a.

**Rosen S. (1974):** Hedonic Prices and Implicit Markets: Product Differentiation in Pure Competition." Journal of Political Economy, 82(1): 34.

**Ruth M, Bernier C, Jollands N, Golubiewski N (2007):** Adaptation of urban water supply infrastructure to impacts from climate and socioeconomic changes: the case of Hamilton, New Zealand. Water Resour Manag 21:1031–1045

**Sağlam, Y. (2010):** \Optimal Pricing of Water: Optimal Departures from the Inverse Elasticity Rule," Working paper, School of Economics and Finance, Victoria University of Wellington.

**Schumacher E. F. (1973):** Small is beautiful: Economics as if people mattered. New York: Harper & Row.

**Schwartz P. (1993) :** « La planification stratégique par scénarii », *Futuribles*, numéro 176, mai 1993.

**Semadeni-Davies A (2004) :** Urban water management vs. climate change : impacts on cold region waste water flows. Climate Change 64:103–126

**Sen, A.K. (1983):** « Development: Which way now? ». *Economic Journal*, 93, 745-762.

**Sen, A.K. (1993) :** « Capability and well-being ». Dans : Sen, A. et Nussbaum, M. (eds), *The Quality of Life*, Clarendon Press, Oxford.

**Servat E., Paturel J. E., Lubés Niel H., Kouame B., Masson J. M., Traveglio M., Marieu B., 1999** : De différents aspects de la variabilité de la pluviométrie en Afrique de l'Ouest et Centrale. *Revue des Sciences de l'Eau*, Vol. 12 (2), 363-387.

**Shafik, N. and S. Bandyopadhyay (1992)**: "Economic growth and environmental quality: time series and cross-country evidence," Background Paper for the World Development Report (Washington, DC : The World Bank, 1992).

**Shell (2000) :** People and Connections, Global Scenarios to 2020. Londres : [manque éditeur], 2000.

**Sighomnou, 2004** : Analyse et redéfinition des régimes climatiques et hydrologiques du Cameroun : perspectives d'évolution des ressources en eau, Thèse Doc. d'État, Univ.Ydé I, 270 p.

**Sighomnou D., Sigha Nkamdjou L., Lienou G., Dezetter A., Mahé G., Servat E., Paturel J-E., Olivry J-C., Tchoua F., Ekodeck G.E. (2007)** : Impacts des fluctuations climatiques sur le régime des écoulements du fleuve Sanaga au Cameroun, prospectives pour le XXIe siècle. In Climatic and Anthropogenic Impacts on the Variability of Water Resources, Mahé G (ed.). Unesco, IHP-VI Technical Document in Hydrology 80:173-181.

**Simonovic, S.P. and L.H. Li, (2004):** Methodology for assessment of climate change impacts on large-scale flood protection system. *J. Water Res. Pl.-ASCE*, **129** (5), 361–371.

**Sommet de Johannesbourg (2002) :** Rapport du Sommet mondial pour le développement durable, A/CONF.199/20.

**Svante Arrhenius (1896) :** On the Influence of Carbonic Acid in the Air upon the Temperature of the Ground , *Philosophical Magazine and Journal of Science*, vol. 5, n° 41, avril 1896, p. 237-276.

**Thornton P.K., P.G. Jones, T.M. Owiyo, R. L. Kruska, M. Herero, P. Kristjanson, A. Notenbaert, N. Bekele et d'autres co-auteurs, 2006** *: Mapping Climate Vulnerability and Poverty in Africa (Cartographie de la vulnérabilité climatique et de la pauvreté en Afrique).* Report to the

Department for International Development (Rapport destiné au Département international pour le développement), ILRI (Institut international pour l'amélioration et la mise en valeur des terres), Nairobi, 200 p.

**Tol R. S. J. (2002a),** New estimates of the damage costs of climate change Part II: Dynamic estimates, *Environmental and Resource Economics*, *21* (2), 135–160.

**Tol R. S. J. (2002 b)**, New estimates of the damage costs of climate change Part I: Benchmark estimates, *Environmental and Resource Economics*, *21* (1), 47–73.

**UICN & CBLT 2007** : Plan de gestion de la plaine d'inondation de Waza Logone. Projet FEM/CBLT : Inversion des Tendances à la Dégradation des Terres et des Eaux dans le bassin du Lac Tchad. Draft final. 163 p.

**UNESCO (2003) :** Water for people, water for life: The United Nations World Water Development Report (WWDR), UNESCO Publishing & Berghahn Books.

**Van Rheenen, N.T., A.W. Wood, R.N. Palmer and D.P. Lettenmaier, (2004):** Potential implications of PCM climate change scenarios for Sacramento–San Joaquin River Basin hydrology and water resources. *Climatic Change*, **62**, 257-281.

**Vanney J.R. (2001) :** *Géographie de l'océan global*, Gordon & Breach, 2001

**Vernadsky V. (1924) :** La géochimie, Paris, Félix Alcan.

**Vernadsky V. (1936):** "On the limits of the biosphere," *Izvestiia* AN, geological series, 1936, No. 1, p. 3-24).

**Wack P. (1984):** *Learning to design planning scenarios – the experience of Royal Dutch Shell.* Document de travail. Harvard : Harvard Graduate School of Business Administration, 1984.

**Webster A., Gagnon-Lebrun F., Des Jarlais C., Nolet J., Sauvé C. et Uhde S. (2007) :** L'évaluation des avantages et des coûts de l'adaptation aux changements climatiques.

**WEHAB (Water and sanitation, Energy, Health, Agriculture and Biodiversity) Working Group (2002)**: A framework for action on water and sanitation. World Summit on Sustainable Development, Johannesburg 2002, South Africa.

**Willis K., (2002)**: Benefits and Costs of Forests to Water Supply and Water Quality, Report to the Forestry Commission, Edinburgh, Forestry Commission, 24 p.

**Xu ZX, Chen YN, Li JY (2004):** Impact of climate change on water resources in the Tarim river basin. Water Resour Manag 18:439–458

**Yao H, Georgakakos A (2001):** Assessment of Folsom Lake response to historical and potential future climate scenarios: 2. Reservoir management. J Hydrol 249:176–196

**Zwicky F. (1962):** "Morphology of Propulsive Power", Pasadena, California Institute of Technology.

# ANNEXES

**Annexe 1 : Scénarios SRES (Special Report on Emission Scenarios)**

— **Famille A1** : elle fait l'hypothèse d'un monde caractérisé par une croissance économique très rapide, un pic de la population mondiale au milieu du siècle et l'adoption rapide de nouvelles technologies plus efficaces. Cette famille de scénarii se répartit en trois groupes qui correspondent à différentes orientations de l'évolution technologique du point de vue des sources d'énergie : à forte composante fossile (A1F1), non fossile (A1T) et équilibrant les sources (A1B). C'est la famille de scénarii les plus grands émetteurs en gaz à effet de serre.

— **Famille A2** : elle décrit un monde très hétérogène caractérisé par une forte croissance démographique, un faible développement économique et de lents progrès technologiques

— **Famille B1** : elle décrit un monde convergent présentant les mêmes caractéristiques démographiques qu'A1, mais avec une évolution plus rapide des structures économiques vers une économie de services et d'information

— **Famille B2** : elle décrit un monde caractérisé par des niveaux intermédiaires de croissances démographique et économique, privilégiant l'action locale pour assurer une durabilité économique, sociale et environnementale. Elle fait référence à un monde sobre en consommation énergétique et peu émetteur.

**Annexe 2 : Définition du concept de vulnérabilité.**

Reprenant la définition du GIEC (2007), la vulnérabilité est le degré par lequel un système risque d'être affecté négativement par les effets des changements climatiques sans pouvoir y faire face, y compris la variabilité climatique et les phénomènes extrêmes.

Notons que le parti-pris est ici un affect globalement négatif, alors que dans certains cas, un système peut au final se révéler « gagnant » (exemples d'une agriculture plus productive sous certaines conditions, d'un climat plus agréable dans certains pays…) ; on peut alors parler d'opportunité plus que de vulnérabilité. Le champ potentiel d'opportunité reste cependant nettement plus restreint (tant dans le temps que dans l'espace) que celui de vulnérabilité.

La vulnérabilité se définit dans la littérature comme une fonction de l'exposition du système aux changements climatiques (nature, ampleur, rythme des changements), de sa sensibilité (conséquences possibles) et de sa capacité d'adaptation. La capacité d'adaptation (ou adaptabilité) correspond ici à la capacité d'ajustement d'un système face aux changements climatiques (y compris à la variabilité climatique et aux extrêmes climatiques) afin d'atténuer les effets potentiels, d'exploiter les opportunités, ou de faire face aux conséquences (GIEC, 2007).

**Annexe 3 : Définition du concept d'adaptation.**

Le concept d'adaptation est récent : il est défini en tant que tel par le Troisième Rapport d'évaluation du GIEC publié en 2001. Le GIEC y définit alors l'adaptation comme « l'ajustement des systèmes naturels ou humains en réponse à des stimuli climatiques présents ou futurs ou à leurs effets, afin d'atténuer les effets néfastes ou d'exploiter des opportunités bénéfiques ». La notion de planification de l'adaptation a été introduite plus récemment, notamment par le Livre Vert « *Adaptation au changement climatique en Europe : les possibilités d'action de l'Union européenne* » (2007), dans lequel est proposée la définition suivante : « [...] L'adaptation vise à réduire les risques et les dommages liés aux incidences négatives actuelles et futures de manière économiquement efficace et, le cas échéant, à tirer parti des avantages possibles. [...] L'adaptation peut englober des stratégies nationales ou régionales et des mesures concrètes prises au niveau communautaire ou individuel [...] ».

Bien que l'adaptation fasse l'objet d'une attention particulière depuis quelques années seulement, cette problématique était cependant déjà prise en compte dans le cadre des négociations internationales tenues dans les années 90 : la Convention-Cadre des Nations-Unies sur les Changements Climatiques (CCNUCC) (article 4.1b et 4.1e) et le Protocole de Kyoto qui a suivi exigent en effet la prise en compte des mesures d'adaptation aux changements climatiques. Le Protocole de Kyoto, par exemple, demande que toutes les parties « élaborent, appliquent, publient et mettent à jour des programmes nationaux et, là où il y a lieu, régionaux, contenant, des mesures destinées à atténuer les changements climatiques et des mesures destinées à faciliter une adaptation appropriée à ces changements » (article 10.b).

En bref, l'**adaptation au changement climatique** ou au dérèglement climatique désigne les stratégies, initiatives et mesures individuelles ou collectives (entreprises, associations, collectivités, etc.) visant, par des mesures adaptées, à réduire la vulnérabilité des systèmes naturels et humains contre les effets réels ou attendus des changements climatiques.

**Atténuation** ; elle consiste à limiter la vitesse d'augmentation des taux de gaz à effet de serre dans l'air, en maîtrisant mieux des gaspillages énergétiques, en substituant des énergies nouvelles aux énergies fossiles et en stockant du carbone. L'atténuation consiste à mettre en place des programmes de développement durable. Pour les États, ce sont des stratégies nationales de développement durable, pour les collectivités, des agendas 21, et pour les entreprises, des programmes de responsabilité sociétale des entreprises.

## TABLE DES MATIÈRES

## Structures éditoriales du groupe L'Harmattan


**L'Harmattan Italie**
Via degli Artisti, 15
10124 Torino
harmattan.italia@gmail.com

**L'Harmattan Hongrie**
Kossuth l. u. 14-16.
1053 Budapest
harmattan@harmattan.hu

---

**L'Harmattan Sénégal**
10 VDN en face Mermoz
BP 45034 Dakar-Fann
senharmattan@gmail.com

**L'Harmattan Cameroun**
TSINGA/FECAFOOT
BP 11486 Yaoundé
inkoukam@gmail.com

**L'Harmattan Burkina Faso**
Achille Somé – tengnule@hotmail.fr

**L'Harmattan Guinée**
Almamya, rue KA 028 OKB Agency
BP 3470 Conakry
harmattanguinee@yahoo.fr

**L'Harmattan RDC**
185, avenue Nyangwe
Commune de Lingwala – Kinshasa
matangilamusadila@yahoo.fr

**L'Harmattan Congo**
67, boulevard Denis-Sassou-N'Guesso
BP 2874 Brazzaville
harmattan.congo@yahoo.fr

**L'Harmattan Mali**
ACI 2000 - Immeuble Mgr Jean Marie Cisse
Bureau 10
BP 145 Bamako-Mali
mali@harmattan.fr

**L'Harmattan Togo**
Djidjole – Lomé
Maison Amela
face EPP BATOME
ddamela@aol.com

**L'Harmattan Côte d'Ivoire**
Résidence Karl – Cité des Arts
Abidjan-Cocody
03 BP 1588 Abidjan
espace_harmattan.ci@hotmail.fr


---

## Nos librairies en France


**Librairie internationale**
16, rue des Écoles
75005 Paris
librairie.internationale@harmattan.fr
01 40 46 79 11
www.librairieharmattan.com

**Librairie des savoirs**
21, rue des Écoles
75005 Paris
librairie.sh@harmattan.fr
01 46 34 13 71
www.librairieharmattansh.com

**Librairie Le Lucernaire**
53, rue Notre-Dame-des-Champs
75006 Paris
librairie@lucernaire.fr
01 42 22 67 13